日本超級店長讓客戶「好想再見到你」的心機說話術

首次公開

また会いたい！と思わせる、人との接し方

森下裕道 著
《業務員要像算命師》作者
連雪雅 譯

前言

每個人都能成為理想中的自己！

各位讀者大家好！

感謝您閱讀本書！

能透過本書與各位認識，我感到非常高興。

真希望能成為讓人覺得「好想再見到你」的人！

其實，這是我從小一直以來的願望。

小時候我的個性很陰沉、不擅表達，幾乎沒什麼朋友。小學一、二年級時，我和母親一起住在東京都町田市的某處公寓，當時有個總是笑臉迎人、個性開朗的阿姨也住在那裡。公寓附近有個小公園，那位阿姨經常在那裡和鄰居閒話家常。而阿姨每次只要看到我，一定會露出微笑，偶爾還會親切地和我打招呼。但我非但從未回應她，就連一句「謝謝」也沒對她說過，只是默默接受她的關心。某天我在學校受到欺負，哭著走回家的時候，阿姨看到我，或許是察覺到我的異狀，笑著對我說「等我一下喔！」然後從家裡拿了點心給我。當時我真的感動到無法言喻。

於是，我在心裡告訴自己，將來長大後，我也要像阿姨一樣每天笑容滿面、過得很開心，並且成為受大家喜愛的人！

我永遠無法忘記小學三年級的下學期，因為搬家不得不離開那棟公寓時，我心裡有多麼地傷心⋯⋯。

那天之後，過了很長一段時間，我已經長大結婚，有了可愛的孩子，現在的我差不多就是當時那位阿姨的年紀。

如今的我，**已經變成總是面帶笑容，每天看起來都很快樂的人**。

而且，在我身上還發生了以前從沒想過會發生的事——

「好想再見到森下先生！」

許多人都對我這麼說過。

人絕對可以改變、一定能夠成為理想中的自己！

這不是什麼積極的想法或理論，而是可以真實感受到的體驗。

過去，我比誰都不擅與人溝通。只要想到要和別人說話就覺得很害怕，就連笑也感到不好意思。常常很在意別人會怎麼看我？會不會瞧不起我？

這樣的我，比任何人都深刻了解溝通的重要，多年來累積的待客經驗造就了今天的我。

想受人喜愛、討人喜歡，不需要做什麼特別的事，也不是件多困難的事。

只要稍微留意身邊的事，多用點心思就可以了。

因為太想告訴各位這件事，這樣的心願促使我寫下本書。

接下來，若各位**讀完本書後有付諸實行，請將右上角「實行過頁數」往下摺。**

不管學習到或理解到多麼棒的知識，如果沒有透過實行，使「知識」與「體驗」合而為一，就無法內化變成自己的東西。

摺角的頁數愈多，你愈能明白自己正在改變中！

我懷著「感恩」及「感謝」的心情，針對**「變幸福的方法」**這個主題，和大家分享自己的經驗。

最後衷心祈求每位讀者都能獲得幸福！

森下裕道

目錄
contents

別再依賴教戰手冊

2

丟掉「教戰手冊」，以真心對待他人！

●戀愛篇●

●加料版　日常生活篇●

成功與否，重點在於你的想法 4

從待客技巧中學習與人相處的方法

只要學會如何「讓顧客成為常客」，人際關係就會變得出奇地順利！

從待客技巧中學到怎麼讓別人「好想再見到你」

第一步：「笑著打招呼」！

不適當語句&不適當動作

①打招呼時面無表情，不看對方的臉。
②說話很小聲，口齒含糊不清。
③在路上遇見認識的人會刻意躲起來，或裝作沒看到對方。

遇到認識的人，理所當然要打招呼，但許多人卻做不到。你是否想過，為什麼需要向對方打招呼呢？

打招呼這個行為代表著『向對方敞開心胸』。

也就是說，沒打招呼會讓對方產生『我無法對你敞開心胸』、『我討厭你』的誤解。

如果對方先打招呼，我也會有所回應，但若對方不主動，我就裝作不認識……這種想法等於是說「假如對方對我敞開心胸，我也會那麼做，要是沒有，那我也沒這個打算。」

請各位別再只是被動地等待對方開口，試著主動打招呼吧！

◎打招呼時要看著對方的臉，面帶笑容且口齒清晰！

打招呼時理當面帶笑容，雙眼直視對方，以對方能清楚聽見的清晰口條說話。

面對客戶，假如沒看著對方的眼睛，即無眼神接觸，這種應對方式最為糟糕。

所以，擅長與顧客互動的人，**打招呼一定會直視對方、面帶笑容且口齒清晰**。

為什麼打招呼一定要看著對方的眼睛呢？因為不這麼做，有時候對方可能會誤解你的用意。

舉個例來說，當你到大眾餐廳用餐時，店員完全不看你的臉，只說了聲：

「歡迎光臨！」這時，你會怎麼想？

我們應該會覺得「這個店員，態度真差勁～」或是有：

「他是在不爽什麼嗎？」的想法跑出來，對吧。

又假設，當你鼓起勇氣對一向很尊敬的老闆打招呼，結果，他連看都不看你一眼，只淡淡地敷衍回應，試問你會作何感想？

「老闆是不是討厭我？」

「他根本沒把我看在眼裡！」

不禁會產生負面的想法，對吧？打招呼時，如果不看對方的雙眼，會讓對方心生：

「他／她是不是討厭我？」

「難道他／她對我做了什麼虧心事？」

「他／她是不是心情不好？」

等諸如此類的負面想法。

為避免造成這樣的誤會，打招呼時請務必直視對方的雙眼、面帶笑容並保持口齒清晰。

在此，順便告訴各位笑著打招呼的訣竅！

稍稍瞇起眼，嘴角上揚，盡可能露出牙齒。

這麼一來，就會展露出自然的笑容。笑的時候嘴巴張開，自然也會露出牙齒。雖然有些人會刻意不露出牙齒，但露出牙齒更能讓對方確實地感受到笑容的真誠！

◎巧遇認識的人，此時請別急著躲避對方！

假日的時候，走在路上偶遇上司……這樣的情況相信各位都曾有過。

假設，你和男／女友走在熱鬧的市區街頭，迎面而來的一家人裡有個人長得很像公司的部長……這時候，你是否會不自主地想躲避，或裝作沒看到對方呢？

又或者是，到家附近的超市買東西時，看見住在同一棟大廈的鄰居，就躲到貨架後不想被對方發現（笑）。

要是躲避不及，不得已和對方碰面，只好趕緊打圓場地說：

「啊…您也來這裡買東西啊？不好意思，我剛剛沒看到您……」（笑）。

不過，刻意躲避或裝作沒看見，對雙方來說都不是件好事。如果被對方看到，會覺得你是在刻意躲避，因而對這樣的你產生不信賴的感覺。

而且，受害最大的其實是「你自己」。

當你躲著某個人的時候，心裡是否曾這樣想過：

「他／她應該沒有看到我吧？」

「對方說不定早就看到我了……」

「早知道，我就先主動打招呼……」

邊躲心裡還邊想，

「拜託你快點離開吧！」

「他／她還在這附近嗎……？」

搞到自己連買個東西都戰戰兢兢，不是嗎？

與其那麼狼狽，還不如主動向對方打聲招呼還比較輕鬆。再次提醒各位，打招呼代表著『（我）對你敞開了心胸』、『我很喜歡你』。因此，**別再試圖躲避或裝作沒看見，面帶笑容、主動向對方打招呼**就對了。

那麼，突然偶遇的時候，該怎麼打招呼呢？

最棒的方式是，**打完招呼後告訴對方「真高興遇見你」、「見到你真開心」**。

下次當你在路上遇到鄰居時，請試著這麼說說看：

「啊，您好！可以在這個地方遇到田中先生，真令人開心！」

若是偶遇公司的上司，那就這麼說：

「辛苦您了！真高興能在這裡遇到橫川部長！」

「您早！沒想到能和松尾經理搭同一班電車，我今天真是太幸運了！」

聽到你這麼說，對方一定也會感到很高興。

還記得某天早上我去參加研習會，巧遇搭乘同一班電梯的學員，他對我說：

「您早！一大早就能和森下先生搭同一班電梯，我的運氣真好！看樣子我今天會發生很多好事！」

當下我感到非常開心，覺得自己也變得很幸運。

打招呼雖然只是簡短的幾句話，卻擁有讓人快樂的力量。

希望各位都能成為打招呼的高手！

稱呼對方的名字，增加親近感

不適當語句＆不適當動作

①叫錯對方的名字。

②以「你」、「喂」來稱呼對方。

③不叫名字，只以「課長」、「部長」等職稱來稱呼對方。

你的名字指的就是「你」，這點毋庸置疑。再說得白話一點，名字代表**你的存在**。

每個人都希望自己的存在受到認同，因此稱呼名字等於是告訴對方，

「我認同你的存在」

「此時此刻你是我說話的對象」

同時也是向對方表達好感及親切感的行為。

反之，如果叫錯名字會讓對方感到：

「我不認同你的存在」

「我一點都不在意你」

等同於是否定對方的行為。這也是為什麼名字被叫錯會讓人心裡有種不舒服的感覺。

所以，名字絕對不能叫錯，而且**如果知道對方的名字，一定要以名字稱呼**。

「你喜歡喝什麼酒？」

「二宮先生，你喜歡喝什麼酒？」

這兩句話雖然內容相同，給人的感覺卻大大不同。

加上名字後，讓人感到對方對自己是有興趣的，這樣的問話方式也比較令人想要回答，不是嗎？

另外，向上司表達謝意時也是如此。

「多虧部長的幫忙，事情才能這麼順利，謝謝您！」

「多虧關野部長的幫忙，事情才能這麼順利，謝謝您！」

後句特別說出部長的姓氏，更能表現出是針對某位特定人物的感謝之情。

這個方法同樣適用於接待客人的時候。當顧客上門時，

「感謝您再度光臨！」與

「山下小姐，感謝您再度光臨！」哪一句比較令人開心呢？

有沒有叫出名字，對顧客來說感受就是不一樣。

稱呼對方的名字能讓對方感受到，你是真的很高興見到他、很想見到他。

◎聽起來最舒服的就是『自己的名字』

姑且不論你喜不喜歡自己的名字，從出生到現在一直伴隨著自己的名字是很特別的存在，多少會產生眷戀。因此，聽到自己的名字自然會感到很愉悅，如果談話中出現自己的名字也會變得比較敏感。

平常與人談話時，多叫對方的名字準沒錯，但我們總是容易省略掉。以下面這個情況為例，

「您總是打扮得很時髦呢！」

「呃，是嗎……」

「能把這種紅色穿出清爽的感覺，您真是厲害！」

「是嗎？我只是隨便穿穿而已……」

「您從以前開始就很喜歡打扮了嗎？」

「那倒是，大概是從我唸國中的時候開始的吧……」

「ㄟ～您國中的時候就開始打扮了啊！」

「嗯，是啊。」

假如，在談話中特意加入對方的名字，結果會變成怎樣呢？

「**野島先生**，您總是打扮得很時髦呢！」

「呃，是嗎？謝謝你的誇獎。」

「能把這種紅色穿出清爽的感覺，我看只有**野島先生**才做得到！」

「沒有啦～我只是隨便穿穿而已……」

「**野島先生**您從以前開始就很喜歡打扮了嗎？」

「那倒是，大概是從我唸國中的時候開始的吧……。那時候很流行所謂的設計師品牌，現在已經不這樣說了對吧？當時的品牌現在好像只剩下 MEN'S BIGI 和設計師菊池武夫的 TAKEO KIKUCHI 而已……」

「我知道 TAKEO KIKUCHI 喔！哇，**野島先生**您國中就開始穿 TAKEO KIKUCHI 啦？」

「比起 TAKEO KIKUCHI 我比較喜歡 POSH BOY 啦。對了，那時有個很紅的男子偶像團體叫光源氏……」

像這樣，**只是加入對方的名字，就能讓對方對話題產生興趣，進而給予積極的回應。**

也許你對此感到半信半疑，如果真的不相信，那請你務必試試看。

順便一提，這個方法也能應用在**簡訊和電子郵件**。以我過去的實際經驗，**多提幾次對方的名字，對方的反應就會變得很好。**

◎名字相稱，夫妻的感情更加溫！

稱呼對方的名字很重要，這件事在夫妻之間也是如此。許多夫妻生了小孩後，不再是以名字相稱，而是改叫對方「爸比」、「媽

咪」或「爸爸」、「媽媽」。

我認為這並沒有什麼不妥，在孩子面前叫對方「爸比」、「媽咪」或「爸爸」、「媽媽」當然ＯＫ。不過，**兩人私下獨處時可以只叫對方的名字就好**。

例如，先生早上出門上班時聽到太太說，

「爸比，路上小心。」和

「裕之（老公的名字），路上小心。」

後面這句更能讓先生感到開心。同理可證，

「妳做的菜真好吃。」和

「千惠做的菜真好吃。」

「千惠小姐做的菜最棒了。」

肯定是後句的說法最能令太太高興。

電視劇裡常會出現這樣的場景，太太對著先生說：

「我不是你媽！我希望你把我當成一個女人看待！」假如你不

希望從重要的另一半口中聽到這樣的話，當你們獨處時請別再叫對方「爸比」「媽咪」或「喂」，好好稱呼對方的名字。這麼一來，夫妻間的感情就會變得更甜蜜。

我的朋友北川夫婦育有六子。

他們非常重視彼此、互敬互愛，是一對完美的夫妻。他們告訴我，

「自從我們稱呼彼此的名字時加上『先生／小姐』後，感情就變得更好了。」

到目前為止，我看過不少對恩愛的夫妻，感情愈好的夫妻，彼此都會在對方的名字後加上「先生／小姐」二字，有的甚至是以小名相稱。

順帶一提，我和我太太稱呼彼此也會加上「先生／小姐」二字（笑）。

用高明的稱讚法讓對方開心

不適當語句＆不適當動作

①「～～不過」先否定再稱讚＆先稱讚再否定的說法。

②明明覺得對方很棒卻不給予稱讚。

③無論對象是誰，都給予相同的讚美。

人都喜歡被稱讚。這是不必明說的事，但「不懂得稱讚」的人，其實很多。有時想要好好讚美對方，結果對方卻完全沒感到被稱讚……這種情況並不少見。

我曾見過某些公司的社長或部長，他們告訴我「我很積極稱讚公司的部下，所以他們都很努力，有所成長。」然而當我私底下問了這些部下，他們卻給了我：

「我一點都不覺得那是稱讚。」

「那些話聽起來像在挑剔。」

「我實在搞不懂那是在褒我還是貶我。」諸如此類的回答。

原以為能藉由稱讚讓對方產生上進心，可是對方卻沒感受到你的用意。

明明就是在誇獎對方，為什麼對方卻感受不到呢？

那是因為，你的稱讚方式用錯了！

◎常被誤用的錯誤稱讚法①

你是否曾被別人這樣說過？

「第一次見到你的時候，我以為你很難親近，聊過之後才發現你是個很好的人呢！」

說這句話的人是帶著稱讚對方的心態去說「你是個很好的

人。」但聽的人會覺得這是稱讚嗎？

與其說覺得被稱讚，更容易會聯想到：

「原來我給人家的第一印象那麼差啊……」

「原來他一直覺得我是個難相處的人啊……」

使對方感到難過遠勝於開心。

「我以前覺得你是個討厭的傢伙，變熟之後才發現，你啊，真是個好人！」

「雖然你長得不怎麼樣，工作能力卻是一流唷！」

「起初我以為你是個愛嘮叨的人，其實你都是為了對方才那樣苦口婆心。」

——像這樣**先否定再稱讚只會得到反效果！**

誇獎別人的人，其實是想先否定對方再予以稱讚更有強調讚美的感覺，但聽在對方耳裡，只會感受到強烈的否定感，覺得被貶低了。

「我以前覺得你是個討厭的傢伙，變熟之後才發現，你啊，真是個好人！」

↓「你啊，真是個好人！」

「雖然你長得不怎麼樣，工作能力卻是一流唷！」

↓「你的工作能力真棒！」

「起初我以為你是個愛嘮叨的人，其實你都是為了對方才那樣苦口婆心。」

↓「你總是為別人著想，苦口婆心地給予正確的建議。」

誇讚對方時，不需要說任何否定對方的話！直接針對對方的優點予以讚美，這樣對方也更能坦然地接受你的稱讚。

◎常被誤用的錯誤稱讚法②

另一種常被誤用的錯誤稱讚法就是，先誇獎再否定對方。

「你做的菜真好吃……不過，這個，老實說我不太敢吃。」

這句話究竟是褒是貶，還真是難以界定！（笑）

「不管什麼時候妳看起來都好美。」說完之後為了掩飾自己的害羞，隨即又補上一句：

「……呃，我好像說得太誇張了。」令對方臉上冒三條線。

又或是對自己的部下說：

「這個企劃做得很好喔！」卻又心想不能讓他太得意，於是再補上一句：

「不過，你進公司都已經三年了，這樣的程度似乎還差強人意啦……」

若將上述的話接在一起，就變成——

「不管什麼時候妳看起來都好美……呃，我好像說得太誇張了……」

「這個企劃做得很好喔。不過，你進公司都已經三年了，這樣的程度似乎還差強人意啦……」

聽起來是不是根本沒在稱讚對方呢？（笑）

然而我們經常會無意識地說出類似這樣的話，還以為自己是在誇獎對方。

自以為是誇獎，對方卻完全沒感受到，這也就算了，反而還造成了反效果！

請容我再次提醒各位，**誇獎對方時，不需要說任何否定對方的話！應該直接針對對方的優點予以讚美。**

沒必要告訴對方起初的印象不好，或為了掩飾害羞而說否定對方的話。

可是，每次誇獎完別人，我就會忍不住又說些否定的話，不然我會覺得很尷尬……如果你是這樣的人，讓我傳授你一個妙招。

當你覺得自己又快要說出否定的話時，趕緊再重複之前稱讚對方的話。

「這個企劃做得很好喔。不過，你進公司都已經三年了，這樣的程度似乎還差強人意啦……」

↓「這個企劃做得很好喔。不過……你真的做得很好。」

「不管什麼時候妳看起來都好美……呃，我好像說得太誇張了……」

↓「不管什麼時候妳看起來都好美……呃，妳真的很漂亮呢。」

像這樣，**誇獎完對方後忍不住想說否定的話時，就趕快接一句「真的」並且重複上一句誇獎的話就ＯＫ了**。這麼一來，對方會感到更開心，也不會覺得你是在說客套話。

重點在於，**以碎碎念的口氣重複說讚美的話。如果能讓對方聽**

起來覺得你是不自主地重複讚美的話，效果更佳。假如覺得害羞，重複說的時候可以避開對方的視線，或是邊說邊自言自語般地離開。

◎稱讚是為了讓對方快樂！

你有想過，為什麼要稱讚別人嗎？

目的不外乎是「想讓對方開心」、「想讓對方心情愉悅」、「想讓對方的優點能有所進步」、「想讓對方產生自信」、「想提高對方的鬥志」對吧？

簡言之，稱讚是為了讓對方快樂。既然如此，那就好好針對對方的優點大力地給予讚美。

但有些人卻會因為感到害羞尷尬、怕對方受到稱讚會變得驕傲、不想讓對方覺得自己是在刻意吹捧、說客套話等等，而變得不懂得稱讚他人。

可是，**無論是誰，只要受到稱讚就會感到開心。這麼簡單就能讓對方開心，不做不是太可惜了嗎？**

請別吝嗇說出稱讚的話！

插個題外話，我的一對兒女目前正在唸幼稚園。有時園方會安排讓父母參與孩子上課，每次我都很期待那天的到來，而且我總是很快地就和其他小朋友打成一片。就連非常怕生的孩子，我也能馬上和他拉近關係。

我是怎麼辦到的呢？秘訣就是，立即給予孩子讚美。

例如「哇啊～你好會畫畫喔，真的好厲害！」

「你好聰明喔，已經會讀那麼多字了！再多唸一些給我聽好不好？」以近乎誇張的語氣來稱讚孩子。

孩子生性天真，越受到稱讚就會越開心，為了得到更多稱讚，他們會主動表現自己，對你說「你看你看，我還會這個喔！」完全地對你敞開心胸。

愈是受到稱讚就愈充滿活力，為了得到更多稱讚會變得更努力。看著這樣的孩子們，我深刻體會到「孩子們在成長的過程中是多麼地想要受到稱讚」。

那麼，大人難道不是這樣嗎？長大之後受到稱讚，就算心裡很高興卻仍故做鎮定謙虛，裝出一副「我沒有很開心喔」的樣子。

可是，即使是大人，受到稱讚也會感到開心。想被上司稱讚，想被朋友稱讚。想被另一半稱讚。雖然不再像年幼的孩子般受到稱讚立刻就喜形於色，但越受到稱讚就越充滿活力，對大人來說也是如此。

也許你會想，一句簡短的稱讚並沒有多大的意義——

即便是一句簡短的稱讚，只要每天持續地說，力量就會慢慢地累積而發揮效果，不知不覺間讓人變得充滿活力。

其實大人也像孩子們一樣，每天都想得到別人的稱讚。如果你希望身邊的人能天天充滿活力，那就好好地找出對方的優點，大大地給予讚美。

◎超實用的稱讚妙招①

假如你覺得自己「真的是個很不會誇獎別人」的人，就讓我來為你傳授如何稱讚他人的秘訣。

不管是因為什麼事，每個人受到稱讚都會感到開心，**特別是當自己很努力去做的事受到稱讚時，心裡會感到「對方了解我」、「對方認同我」而變得更加高興**。

「嗯～（在拿到訂單前）你真的很努力唷！」

「你每天都忙到那麼晚啊。要小心身體喔！」

「今天的飯菜也好好吃喔。謝謝你每天都那麼用心做飯！」

像這樣，雖然是簡單的一句話，只要讓對方覺得自己的努力受到稱讚，他／她就會變得更努力、更有勇氣。

每個人都希望身邊有個能夠了解自己的人。因此，哪怕是再微不足道的小事，**只要發現了對方的「努力之處」請大力地予以讚美。**

◎超實用的稱讚妙招②

還有一個也是馬上就能現學現賣的超實用稱讚妙招。

那就是，**道別時的稱讚**。

人與人見面時，往往是最後的印象最為深刻。因此，在道別的時候稱讚對方，會讓對方留下非常好的印象。

以接受用餐招待這個情況為例。

對方帶你去一家氣氛很好的餐廳用餐，料理很美味，你和對方也相談甚歡。結完帳後對方的態度卻變得冷淡，你難免會感到「什麼嘛，這種態度」原本的好印象全部化為烏有。

相反地，如果餐廳上菜的速度很慢，對方的態度也不是很好，最後卻用燦爛的笑容對你說「非常感謝您今天撥空過來，期待下次有機會再與您見面。」那麼整個過程的壞印象就全都一筆勾消了。

人與人之間的相處也是如此。**道別時，笑著告訴對方「我今天真的很開心」就能提升你在對方心中的好感度，讓對方變得「好想再見到你」。就是這麼簡單。**

另外，還有一招效果更棒、更高明的方法是，**與對方道別後、轉身之際，自言自語般地說「啊～今天真的好開心喔。」**

這個方法的重點在於，轉身後再用「似乎聽得到卻又不是那麼清楚」的音量說出這句話。營造出你是在與對方道別之後，不自主地說出這種話的感覺，聽在對方耳裡，確實會有種這是你的真心話的感覺喔（笑）。

接待客人時，如果遇到帶著小孩的客人，只要說聲：

「這孩子，真的好可愛喔～」對方就會感到很高興。

在公司，假如看到下班後仍在加班的部下，經過他身邊時可試著**用自言自語般的口氣說：「嗯～他真的很認真！」「年輕人果然很拼～」就會產生很好的效果。**

對於不好意思直接面對面稱讚別人的人來說，這種方式較不會感到尷尬。

◎面對任何情況、對象都給予相同的稱讚，很不恰當

當自己被稱讚時，當然會感到開心——如果是自己的孩子被稱讚，開心的程度更甚——（笑）。

受到稱讚會讓人覺得被認同、被了解，所以感到開心。

「你總是打扮得很時髦」聽到這句話會開心，不就是因為覺得自己的品味受到認同嗎？

可是，一旦知道對方對任何人都是這麼說，心裡難免會感到失望。

不但完全沒了被稱讚的感覺，還會認為：

「他對每個人都這樣說，難不成是照著哪本書上寫的才這麼做？」

面對客人時，假如是兩位以上的客人，絕對不能對雙方說相同的讚美。就算你以為自己很小心沒讓另一方聽見，但若不小心傳開，先被稱讚的人原本開心的心情頓時就會變差，最後甚至可能導致客人通通流失。

因此，如果你要稱讚對方的穿著打扮，請鎖定某個特定的地方。例如：

「您這件西裝外套真好看。」

「大西小姐，您很適合穿粉紅色耶。不過，這件粉紅色的西裝外套不是很貴嗎？」

「哇啊～這條項鍊好可愛喔！和您身上這件外套很搭呢！」

◎有時相同的稱讚也能激發努力

雖然前文中提到，面對任何對象都給予相同的稱讚很不恰當——

但，在某些情況下，如果有人經常用相同的話讚美你，請你開心地接受。

因為，對方那麼做說不定是為了製造能和你說話的機會，對他來說，那已經是很努力想出來的稱讚了。

對個性內向、不擅與人交談的人來說，自己主動找話題是件很難的事。所以他們常會以「你今天看起來氣色真好！」「你笑起來很好看！」這類聽起來敷衍的讚美，當作與別人對話的開頭。

因此，當你聽到對方的稱讚後，不要覺得「反正他對每個人都這麼說」請開心地接受並回道：「謝謝，很高興聽到你這麼說！」要不然對好不容易鼓起勇氣，努力想讓自己變得外向的人來說，無疑是一種打擊。

▼ 受到稱讚時請盡情地開心接受

不適當語句＆不適當動作

① 「沒那回事啦……」刻意表現出謙虛或排斥的態度。
② 「喔，是嗎」冷淡以對，不讓別人看出你內心的高興。
③ 聽到別人的稱讚不但不接受，還硬往壞的方面想。

為什麼我們會想要稱讚別人？那是因為，想讓對方開心。所以，稱讚完對方，會很在意對方究竟有沒有感到高興，而觀察對方的神色表情。如果看到對方露出快樂的神情，自己也會感到開心。

因此，當你受到稱讚時，為了讓稱讚你的人高興，請盡情地開心接受！看到你愈高興對方就會愈開心，為了讓你變得更高興，對方會更想要稱讚你！

當你表現出喜悅，對方與你都會快樂起來。反之，如果刻意掩飾喜悅的感受，人生會變得很乏味無趣。

孩子們只要稍微受到稱讚，就會坦率地表現出高興的模樣，但大人卻不是這樣。明明心裡很開心，卻想著：

「我都已經老大不小了，怎麼能隨便為了這麼一點小事就開心……」

「要是表現出高興的樣子，說不定對方會覺得我很好騙……」

因為顧慮太多而無法坦率表現出開心的樣子，你是否也是這樣呢？

假設你出自真心地稱讚某人，

「高橋小姐，無論什麼時候看到妳，都是那麼可愛呢！」

對方卻回道「沒那回事啦，我一點都不可愛……」

或刻意謙虛地說「比我可愛的女生多的是。」

或一臉驚訝地說「有嗎？」

甚至以排斥的口氣說「請你不要這麼說！」

你應該會感到很失望吧。

抑或是上司對部下說，

「這個月你的業績是第一名喔，做得好！」

部下卻故作平靜、面無表情地說「喔，是啊。」

或只淡淡地應了聲「嗯」聽到這樣冷淡的回答，試問上司會怎麼想？

「這傢伙，真不討人喜歡。我以後再也不誇獎他了！」要是上司真的這麼想也不是沒有道理。

◎稍微誇張地表現出高興的樣子

重要的是，受到稱讚後，不要隱藏內心的喜悅，坦率地表現出來。

而且，為了表達出**「被對方稱讚讓你很高興」的心情，請試著稍微誇張一點去表現出內心的喜悅。**

不妨參考看看孩子們的表現。孩子們感受到「喜悅」後會用全身來表現。

像是大叫「哇啊～！」「太棒了～」「耶～！」臉上滿是笑容，或擺出勝利的姿勢、當場直接跳起來（笑）。

當對方表現出「我真的非常開心」，看到的人也會跟著高興起來。

所以，當你被稱讚之後，請試著讓自己像個孩子般，稍微誇張一點去表現出內心的喜悅。記住，重點在於『稍微誇張地表現高興

的樣子』！

如果你很開心，對方卻感受不到（無法了解）那就沒有任何意義了。

此時可以借助語言的力量，加強誇張的效果。**在表示喜悅的回應前加上「哦～」「ㄟ～」「太棒了～！」之類的感嘆詞就對了。**

例如：

「哇啊～真是謝謝你！」

「太棒了～我被誇獎了耶！」等等。

這麼一來，不但能表現出你是發自內心地感到喜悅，對方也能確實地感受到。

◎坦率地接受對方的讚美

假如你對某人說「這次的企劃做得很棒喔！」

對方卻回答「那，你的意思是上次的很差嗎？」

或是稱讚某人「今天也很漂亮喔！」

對方卻說「你又來了，不必說這種客套話啦。」

像上述這些對方刻意鬧彆扭的情況，各位或許都曾遇到過吧？

「赤塚先生做起事來快又仔細，任何事只要交給你一定沒問題。」雖然對方是真的在稱讚，赤塚先生聽了卻會想成：

「不用說得那麼好聽啦，我看又是想把其他的工作丟給我吧？」或是：

「該不會是在暗示我再仔細一點、動作再快一點吧？」像這樣硬是曲解了對方的話。

若以負面的心態去接受別人的讚美，當然不會感到開心。而且，最不開心的反而是自己。

因此，**請坦率地接受對方的讚美。**

可是，我就是容易想很多——如果你也是這樣的人，當你聽到別人說「你今天也打扮得很時髦呢」不妨試著告訴自己「他應該不只有今天這麼想吧！明明昨天也是這樣覺得……」（笑）。或是被稱讚「這次的企劃做得很棒喔」就想成「以前的也都很棒啊，這次總算敢直接告訴我啦」以超正面的態度去解讀對方的話。雖然這樣有點蠢（笑），可是這種想法一定能讓你變快樂。

也許你會想，對方的稱讚只是在說客套話。但，就算是客套話又怎麼樣。只要你坦率地表現出喜悅之情，對方也會變得開心，進而想要繼續稱讚你。看到別人開心，自己也會感到高興。

而且，**即使一開始是客套話，時間久了也會變成真心話。**

透過共通的話題炒熱談話的氣氛

不適當語句＆不適當動作

①對對方的話題內容表現出不感興趣。
②打斷對方的話，以自己的話題為中心。
③不知道卻裝作知道。

人與人之間，只要找到彼此的共通點就會產生親切感，立刻拉近距離。第一次見面的兩人，假如對方是你的同鄉，而且還有共同認識的朋友，談話的氣氛馬上就會被炒熱，一下子就變得很親近，這樣的經驗我想各位或許都曾有過。

除了出生地與年齡，其他像是學生時代參加過的社團、喜歡的音樂或藝人、開的車種、飼養的寵物種類、過去罹患過的病、喜歡的東西或興趣，經歷過的事只要有一項相同，就會讓人感到親近。

因此，**當你想「與某人拉近關係」，只要試著找出和對方的共通點**，然後，利用那個共通點炒熱彼此間的氣氛。

不過，為了找出共通點而問對方：

「你今年幾歲？」

「你的出生地是哪裡？」

「你的興趣是什麼？」

「你喜歡哪位歌手？」

「你有在從事什麼運動嗎？」

這樣反而會讓對方有種被盤問的感覺。

另外，當你問對方：

「你有在從事什麼運動嗎？」

對方回道「嗯，我從學生時代開始就一直有在滑雪。」

「啊，我也是耶。」

假如你在對方回答問題後接著說「我也是」，多少會讓對方覺得你是刻意在配合他的話。

有個方法能讓你問出對方的喜好，找出彼此的共通點又不會讓

對方產生那樣的感覺。那就是，**不提問，讓對方主動說。**

◎找出彼此的共通點或問出對方興趣的方法

以「～對嗎？」「～對吧？」的語句，表現出主觀的感覺。

一般人多半會這樣問。例如「木谷先生喜歡怎樣的音樂呢？」

但，如果先限定某個種類範圍，如「木谷先生，你喜歡嘻哈音樂對嗎？」

要是猜對了，對方肯定會嚇一跳並主動反問，

「ㄟ～你怎麼知道！？」

「真的啊！因為我很喜歡，所以總覺得你也是嘻哈迷。」這樣的回答會讓對方產生共鳴，就算和你只是初次見面，也會有種完全不陌生、意氣相投的感覺。

當然，這種方法很難百分之百命中。猜錯的情況相當多。不，

應該是說幾乎都會猜錯。不過，猜錯了也沒關係！

以前例來說，假設對方的回答是：

「不，我不聽嘻哈音樂。我比較喜歡普通的流行樂，像是南方之星。」

「我也很喜歡南方之星耶！我最近常聽他們的新專輯喔。」

「新專輯啊，真的很棒呢！你喜歡哪一首歌？」

像這樣，對話還是可以持續下去。雖然只是一個簡單的說話技巧，得到的結果卻和普通的提問方式差很多。

問對方「你喜歡哪種音樂？」並配合對方的回答，難免會讓人感到半信半疑。但，如果不是你先提問而是對方主動說的話，就不會有這樣的感覺了。

◎這個方法也能應用在聯誼上！

參加聯誼時也可以使用這個方法！

比起問對方「你有在從事什麼運動嗎？」

說「你以前有在踢足球對吧？」更能炒熱對話的氣氛。

假如對方回答：

「是啊……你很清楚呢！」

然後只要再接著說「其實，我以前暗戀過一位足球社的學長，你給我的感覺和他很相似……」對方聽了就會覺得很開心。

「那妳和那位學長後來怎麼樣了？」瞧，對方還主動提問了呢。

反之，如果對方回道「我沒踢過足球耶，我一直都是參加棒球社。」那也沒關係。

「ㄟ～棒球社啊？我最喜歡棒球了！我常看電視的球賽轉播呢！」只要這樣說，氣氛就會因為棒球這個話題被炒熱囉。

另外，若在對話中透露對對方的好印象，如：

「其實，我以前暗戀過一位足球社的學長，你給我的感覺和他很相似。不過，你果然很有運動家的感覺。」這麼一來對方會覺得「說不定她對我有好感」，然後試著主動找出與你的共通點。

又或者是，**利用自我介紹的時候先主動提及自己的事，製造讓對方容易尋找話題的氛圍**。

像是，「我從學生時期開始就一直待在排球社，雖然練習真的很累，不過也因此讓我鍛鍊出好體力。」如果先這樣說的話，要是對方有相同的經驗，自然會主動接話，如「我以前是網球社的，我們的教練超嚴格，每天都練球練得好累～。」

◎別把自己當成談話的中心

好不容易找到共通的話題，準備好好炒熱對話的氣氛，對方卻興趣缺缺或是打斷你的話，這樣實在很難讓對話持續下去。

例如，某人知道你和他的興趣都是潛水時，主動告訴你：

「我很喜歡沖繩的海，今年也打算再去一次。川越先生你到沖繩潛過水嗎？」

你卻說「我沒去過沖繩，今年也沒打算要去哪裡潛水。」聽到這種回答會讓人很洩氣。

對方是多麼期待想和你分享沖繩海洋的美。

這時候如果換個說法，「我沒去過沖繩耶，那是個怎樣的地方啊？」

對方一定會很開心地回答你。

或者是，當對方很認真地告訴你：

「對了，你知道上星期在六本木新城（Roppongi Hills）附近發生了車禍嗎？我剛好經過那裡，真是嚇了我一大跳。車禍的情況倒是還好，可是啊，從車上下來的人竟然……」

結果你卻擅自打斷對方的話，說起自己的事。「說到車禍啊，我上個月也出車禍了，真的很慘呢……」這種行為真的很不好。

對方的話還沒說完，正要進入精彩的地方。這時候，你出車禍的事根本就不重要。**請好好聽對方把話說完。在別人說話時搶話是非常惹人厭的行為**。

另外像是，喜歡同一支職棒球隊的兩個人，起初很開心地聊著天，不知不覺對話的內容卻變成：

「我每個月都會到球場一次，幫球隊加油。」

「哪算什麼，我連他們集訓的時候都有去加油咧。」

「這季投手的表現似乎差強人意。」

「不不，你那是門外漢的看法，我倒覺得是打擊方面要好好加強。」

搞到最後竟變成互相比較誰對球隊比較了解，誰對球隊的支持比較熱情。

一說到喜歡的事物，情緒總會不自覺地激動起來，甚至出現「我比這傢伙更了解」「我才不會輸給他」等微妙的競爭心態，企圖掌握對話的主導權，到頭來弄得不歡而散。

◎不懂裝懂只會造成損失，直接坦言「我不知道」才是聰明人

與別人對話時，有時會出現自己不了解的話題。

這時候，你會怎麼做？

有沒有為了配合周遭的人，故意裝出了解的樣子呢？

若真是這樣，吃虧的可是你自己。

也許你會覺得大家都知道只有你不知道是件很丟臉、很愚蠢的事。但，事實並非如此。

不知道的事就說不知道，這一點都不是件丟臉的事，坦白說才

是聰明人。

明明不知道卻隨便搪塞、佯裝知道，搞得自己心裡忐忑不安，這樣不是很痛苦嗎？心裡邊想著快讓這個話題結束，邊戰戰兢兢地祈求「千萬別問我任何問題」。

因為怕被抓包突如其來地改變話題，使對話變得尷尬冷場，對方也會覺得你很奇怪、很討厭。

其實，很多人都喜歡把自己知道的事與其他人分享。

因此與其裝作知道，不如向對方坦言：

「我不知道，請你告訴我。」

對你來說比較有利。

並且在對方告訴你之後，說聲：

「原來如此，我懂了。」

「你說得真詳細。」

「你知道的事好多喔！」

對方聽了就會很開心。

仔細傾聽對方的話

不適當語句&不適當動作

①邊聽對方說話邊做其他的事，如傳簡訊。
②聽對方說話時從頭到尾都面無表情、毫無反應。
③動不動就打斷對方的話，或說「可是～、不過～」等否定對方的話。

請你試著回想看看，當你傾聽別人說話時，有沒有看著對方的臉呢？

邊傳簡訊邊聽
邊看電視邊聽

邊使用電腦邊聽

邊閱讀文件或報紙邊聽

——若是以上述這些態度聽對方說話，是非常要不得的喔！

那些態度會讓對方覺得「他／她真的有在聽我說話嗎？」「這個人根本沒在聽我說話。」

甚至還會想「他／她完全不把我當一回事」「他／她是不是覺得我的話聽不聽都沒關係？」

因為那樣的態度會讓對方感到「比起聽你說話，傳簡訊、看電視對我來說更重要。」這麼一來，對方當然不會想再親近你、和你拉近關係。

傾聽別人說話時必須好好地看著對方的臉，適時地給予回應，如：

「ㄟ～原來如此。」

「嗯嗯，然後呢？」

「什麼，那個，真的有那麼厲害嗎？」

促使對方主動接話，表現出你很專心傾聽的態度。

向別人打招呼時眼神的接觸很重要，傾聽別人說話時也是如此。

假設你和男／女友正計畫一起出遊，你積極地找對方討論，對方卻只顧著看簡訊，對你正眼也不瞧一眼地說：

「你決定就好了！」試問你會怎麼想呢？

是不是會有種「真氣人，我不想和你一起去旅行了。」的感覺？

◎不是不說真心話，是因為說不出口

有些主管常說「最近的年輕人都不說真話。」「枉費我掏心掏肺地和他搏感情，那傢伙卻什麼都不肯說。」其實，那是因為主管們根本不給屬下說真話的機會。

無論是誰都不可能一開始就說出真心話。部下會邊觀察上司的情況邊思考「我究竟能說到哪種程度？」「對方真的會認真聽我說嗎？」

當你聽到屬下不經意地說：

「最近，我都爭取不到什麼訂單。」

「你在說什麼啊？越是這樣越要拼啊！大家都是這樣過來的。」

要是你這麼回答，對方更不想找你商量問題，當然也不會對你說出真心話了。

此外，當別人話說到一半時，千萬別說**「你到底想說什麼啊？」「那，結果咧？」，不把對方的話聽完就急著打斷。**

那會讓對方產生「他／她根本不想聽我說話」「這個人根本不

想了解我」的誤解。

對方之所以會認真和你說話，那是因為他／她希望被你了解。請理解對方的心情，仔細傾聽對方說話，讓他／她好好把話都說完。

◎就算已經了解對方說話的內容，也要仔細把話聽完

有時當晚輩或部下對你說「我有事想找你商量」，根據你過往的經驗或當時的狀況，也許你已經猜到「啊，他應該是要跟我說那個吧」。

果不其然，對方要說的正是你猜測的事，結果你就變得不是很想專心聽對方說話（有時還會打斷對方說話）。但，**對對方來說那是只屬於他的特別問題。即便你認為「那是常有的事」，也請把它當成特別的問題認真地予以傾聽。**

◎無論是夫妻或親子，都要仔細傾聽對方說話

仔細傾聽對方說話，對夫妻及親子之間也是件很重要的事。

有些男人常會說「我老婆老愛說一樣的話」，那是因為做太太的覺得先生不了解她。因為希望對方了解自己，才會重複說相同的話。

又或者，**對方的話裡隱藏著真正想傳達的事或一直無法解決的煩惱、內心的空虛寂寞。**

不過，老是聽一樣的話確實很難受。

但，只要仔細想想**「為什麼對方總是說一樣的話？」應該就能從話中發現到什麼。**

不能只是單純地傾聽，還要思考對方的心情，試著去理解對方話裡的含意。

不少孩子在學校受到霸凌卻遲遲沒說出口，**若父母表現出願意傾聽的態度，孩子們就算心裡害怕也一定會說。**怕只怕孩子有心想說，父母卻忽視了他們的話。

孩子放學回到家，心想今天一定要告訴爸媽，才剛開口說了句「媽～」卻看到媽媽只顧著做家事，頭也不回地應了聲「幹嘛？」試問孩子心裡會怎麼想？

假如，這時候媽媽說「我現在很忙，等會兒再說。」之後卻沒打算聽孩子接下去說，或是連聽都不聽就告訴孩子「你要說的事以後再說，不是下星期要期末考了嗎？趕快去唸書！」聽到這樣的回答，孩子恐怕不會想再告訴你自己被欺負的事了。

記住，就算再忙，也請先停下手邊的家事，好好地看著孩子的臉、聽他說話。

對孩子來說，「現在，這個瞬間」最重要！

如果在孩子認為很重要的時刻，不肯或拒絕傾聽他們說話，會

讓他們覺得：

「爸媽都不願意聽我說話。」

「反正說了也是白說……」

雖然你真的很忙，但**孩子的心只要封閉過一次，之後就很難再敞開了**。孩子的年紀越大，這種傾向會越強烈。因此當孩子有話要說的時候，請仔細予以傾聽。

別再依賴教戰手冊

②

丟掉「教戰手冊」，
以真心對待他人！

就算完全學會
教戰手冊，人際關係
也不會因此改善

人際關係不能照著教戰手冊來經營

服務業都有所謂的教戰手冊，但光靠教戰手冊並無法抓住顧客的心。因為，顧客的反應各不相同，教戰手冊的內容無法完全對應。

人際關係也是如此。**想與人建立良好的關係，重點是要考慮對方的感受。如果考慮到對方的感受，自然會做出必要的行動。**

舉個例來說（雖然不是個好例子），假如你的好友掉進河裡快淹死了，比起思考該怎麼做，你一定會先大聲呼喊向周圍的人求援，或是自己跳進河中救他。

假如你心愛的孩子受了傷，你一定會想緊緊擁抱安慰他。

像這樣，因應不同對象而自然表現出的行動，比什麼都來得重要。

試著去思考對方的心情

對方的反應不可能每次都如你所想。

有時為了讓朋友開心而稱讚對方，他卻高興不起來，甚至露出不悅的表情。

這時候你可能會想，

「什麼嘛，這傢伙！虧我還那麼用心地稱讚他……」

在你這麼想之前，**不妨先思考一下對方的心情**。

「他今天怎麼了，是不是發生了什麼不開心的事？」

若再進一步思考看看，也許就會想到令對方不開心的原因。例如：

「對了，他最近老在加班，一定是覺得很累吧。」

「前陣子他好像說過和女友之間發生了一點問題。」

這麼一來，就算對方表現出讓你不舒服的態度，你也不會放在心上。

有時和鄰居打招呼「早啊，你穿這套西裝很好看喔！」對方卻沒有任何反應。不過，也許那是因為被你誇獎讓他感到不好意思，或是突然被稱讚讓他不知道該說些什麼。

所以，當下先別急著下以下定論，

「我都打招呼了他卻沒有半點表示，真沒禮貌，以後我再也不跟他打招呼了。」

換個方式，先思考看看對方的心情，

「他可能是不好意思才沒回應的吧。我有時候也會這樣啊……」

「他看起來好像有急事的樣子。」

之後遇到對方仍持續向他打招呼，時間一久，對方也會開始主動向你打招呼。

配合對方心情變化的對應方式

人不可能一直保持相同的心情，三不五時就會出現變化。因此，有時會希望周遭的人對自己體貼一點、給予鼓勵或是暫時讓自己靜一靜。

假如無視對方的心情變化，會讓對方感到：

「這個人一點都不了解我。」

「這個人只在乎自己的心情。」

「他／她根本沒把我的事當成一回事。」

接下來將為各位介紹幾個如何配合對方心情變化的對應方式，

讓你能夠建立良好的人際關係。

當中有些是比較技巧性的方法，但**最重要的還是要好好考慮對方的感受！**

①——當對方感到很開心的時候

當你感到高興、快樂的時候，如果對方也同樣表現出高興、快樂的樣子，你應該會感到更加開心對吧？

因此，當對方看起來很開心的時候，請你也表現出一樣開心的樣子。

「我鼓起勇氣向她表白了，沒想到她答應和我交往耶！到現在我還覺得好像在做夢一樣，可是這是真的喔！」

假設你的朋友終於鼓起勇氣向他心儀已久的女性表白，結果得到了好的回應，他欣喜若狂地和你分享這個好消息。

「是喔，恭喜你囉！」

雖然你平常就是這樣的態度，但對方聽了難免會感到失望。

「真的嗎？你和她正式交往啦！那真是太好了！我也覺得好高興喔！」

像這樣，**表現出與對方相同的心情，陪他一起感受喜悅。**

你我開心的時候，如果遇到和自己一樣開心的人，心裡就會感到更加開心。這會讓我們感到被了解、被重視。

而且，對方也會好好珍惜願意和他一起開心的你。

可是，要馬上表現出和對方一樣的心情並不容易。但，這其實是有訣竅的。該怎麼做呢——

試著去回想自己非常高興的時候的事。

訣竅在於，盡可能具體地回想高興時的自己，想著想著忍不住就要笑出來了。

例如，在公司的集會上，社長當著大家的面誇獎你的時候；拼命打工，終於買下想要的車的時候；或是坐在家裡的紅色沙發上抱著女兒，聽到心愛的女兒說「我長大以後要和爸爸結婚！」的時候。

內心所想的會表現在身體上。在面試或重要的發表會前夕，光想到那個情況就會緊張起來。同樣地，當我們想起**高興時的事**，**自然會變得高興起來，說話的音調和表情也會出現變化**。

②—當對方感到很傷心的時候

當對方感到傷心的時候也是如此。**想想你傷心時的事，以同樣難過的心情去面對對方**，這點很重要。

而且，傷心的人通常會覺得天底下只有自己最難過。這時候，最好的方法是用比對方還難過的心情去面對。

千萬別跟對方說：

「我知道你有多難過，你的心情我很了解。」

這種話只會讓對方覺得：

「你哪知道我有多難過！」

「你不懂就別亂說！」

舉個例來說，假設你的朋友被男友甩了，看到為情傷所苦的朋友，你想為她打打氣，於是對她說：

「妳的心情我了解。不過，這世上還有很多好男人啊。」

「妳很難過吧。可是，難過也只有現在，以後妳一定會找到屬於妳的幸福。」

聽到妳這麼說，正沉浸在悲傷中的朋友可能會想：

「我只有妳這個朋友，妳卻一點都不了解我。」

「因為不干妳的事，妳才會說得那麼輕鬆……」

說不定從此之後再也不願對妳敞開心胸。

但，如果你讓自己變得像朋友一樣難過——應該說，表現出比朋友還難過的樣子，先去感受看看對方難過的心情再來說：

「妳的心情我了解。不過，這世上還有很多好男人啊。」

「妳很難過吧。可是，難過也只有現在，以後妳一定會找到屬於妳的幸福。」

這類的話，對方一定會了解你的用心，你的話也比較能發揮安慰的作用。

無論是誰，只要身邊有個高興時能和自己一樣高興，難過時和自己一樣難過的人，內心就不會感到孤單，而是幸福和感動。

③——當對方沮喪消沈的時候

看到別人垂頭喪氣、沒精神的模樣，

有些人會主動問對方：

「你看起來好像沒什麼精神？」

「你臉色不太好，怎麼了嗎？」

雖然是出自於關心對方的心意，但對方卻一點都不會感到高興。

換個角度想想，當你沒精神的時候被問到「你好像沒精神耶？」當你心情沮喪的時候被問到「你臉色不太好耶？」你會高興嗎？

坦白說，這樣只會造成反效果！

假設你的朋友去剪頭髮，結果剪出來的髮型不是他想要的，他正心想「好像剪太短了，看起來怪怪的……」你卻對他說：

「你的髮型怪怪的耶！」

「你的頭髮有點怪，怎麼了嗎？」

對方聽了心情只會更差，認為「哎～果然剪壞了……」

同樣地，當自己沒精神的時候，如果又被別人點出來，只會感到更加沒精神。如果你很想為對方打打氣，讓對方擺脫低落的情緒，那麼，請試著這麼做吧。

和對方聊聊讓他意氣風發的事！例如，

「上次那個企劃案真棒！果然還是你有辦法。你怎麼會想出那樣的內容？要是你現在有時間，能不能傳授我幾招啊？」

「看到你幫公司拿到好幾筆訂單的時候，老實說，我真的覺得自己輸給你了。你是怎麼辦到的，我真的覺得好神奇。」等等。

像這樣，主動向對方提起其狀態良好時的事。這麼一來，對方就會因為想起當時的事使心情稍微好轉。

人的心情經常在改變，**沮喪時只要回想心情好的時候的事，就能讓心情振奮起來**。

◎別再對沮喪的人給予二次打擊！

另外，提醒各位當對方心情沮喪、傷心難過的時候，有件事千萬不要做。

那就是，**責備對方**。

人在心情沮喪的時候，通常會反省或後悔「我就是這點不好」「早知道就不那樣做了……」陷入厭惡自己的情緒中。

如果對與自己心愛的人分手，正處於心情低落的人說：

「其實妳也有問題不是嗎？」

「不是早就告訴妳，要讓自己有女人味一點嗎……」

這種語帶責備的話，對對方只是造成二次打擊而已。

特別要注意的是，在學校受到霸凌、傷害的孩子，要是聽到父

母說：

「是不是你做錯了什麼？」

「是你不對才會被欺負的吧？」試問他們會有怎樣的感受？

遭受強烈的傷害，好不容易才鼓起勇氣告訴父母，卻聽到這樣的話，恐怕會讓孩子心想：

「我都這樣了，爸媽還說是我的錯。」

「原來，不對的人是我。」

「我活下去還有什麼意義。」

切記，**當對方受到傷害、感到傷心、沮喪的時候，絕對別再做出會帶給對方二次傷害的事**。

④—當對方心情煩躁的時候

當對方心情煩躁的時候，基本上最好的對應方式就是不理會

他。因為待在煩躁的人身邊，自己的心情也會受到影響，所以盡量和對方保持距離，靜靜等待對方的心情改變。

可是，有時候卻又不得不和對方說話。此時，請先告訴自己**別期待對方會給你和顏悅色的回應**。而且，如果遇到對方有事請求協助的時候，就算覺得麻煩，也請耐住性子好好聽他把話說完，以免造成彼此的不悅。

雖然我主張「別讓自己捲入爭吵之中」但有時卻無法避免。例如，你告知同事「谷垣所長說，他想早點看到等一下開會要用的資料。」而你只是代為傳達上司的話。如果是平常的情況下，對方應該會說：

「喔，謝啦。」或

「我知道了，等會兒我就過去找他。」

但，假如今天同事的心情不好，也許他會說：

「資料又還沒弄好，我也很忙耶。」或

「知道啦，用不著你說。」等讓你聽了會感到心裡不舒服的話。

此時，請別將對方的話放在心上，告訴自己**「他現在心情不好就不跟他計較了。」**

要是你氣不過回道：「你說的是什麼話！」

「幹嘛把氣出在我身上！」只會讓彼此發生爭吵，造成雙方不悅的情況。

此外，有時當太太心情煩躁的時候，可能會對你唸個幾句或有所指責。

「我說你，又沒有照我的話去做了！我不是告訴過你絕對不能忘記！」當你拖著疲憊的身軀下班，一進家門就聽到太太這麼說，難免會忍不住生氣，於是不耐煩地說：

「妳哪有說！真煩耶～既然是那麼重要的事，妳不會自己做就好了！」結果反而讓太太更火大，接著說：

「你每次都只會嘴巴說說而已！」

這下子你也忍不住大聲地回道：

「什麼叫只會嘴巴說說而已！妳看到工作一整天很累的老公下班回家，連句『你回來啦』都不會說嗎！」若情況變成這樣，不是很糟糕嗎？當下彼此的情緒都很差，自然無法冷靜地聽對方說話。

因此當對方心情煩躁時，千萬「別讓自己捲入爭吵之中」。

「我說你，又沒有照我的話去做了！我不是告訴過你絕對不能忘記！」當你拖著疲憊的身軀回到家，一進門就聽到太太這麼說，雖然很生氣，但只要回道：

「啊，對不起，我不小心忘了。」或

「我不記得妳跟我說過耶……但應該是我自己忘了。對不起，下次我一定會把妳交待的事牢牢記住！」這麼一來就能避免爭吵的發生。

如果變得和對方一樣煩躁，只會讓彼此的心情感到不悅。每天下班回到家就變得情緒不佳，老是和對方吵架，這樣的生活你也不喜歡吧。而且，要是家裡還有孩子在，會對孩子造成不良的影響。

其實，只要稍微忍耐一下就沒事了，不是嗎？

就算感到生氣，也請各位記住「別讓自己捲入爭吵之中」。既然對方是自己重要的人，當他／她心情煩躁時請多給予體諒、包容。

⑤—當對方心情超差的時候

這和當對方心情煩躁時相同，基本上最好的對應方式就是**暫時置之不理**。

多數人看到心情不好的人，都會想要讓對方心情變好。那是因為他們擔心：

「對方不高興是不是因為我？」因而在意起對方的心情。

但，當你為了讓對方心情好轉而問道：

「發生了什麼事嗎？」

「你是不是很累？」反而會得到：

「你很煩耶！」

「不要管我！」之類的回應，對方的心情也變得更差。

儘管如此，你還是想為對方做點什麼的話，那就**盡量表現出快樂的樣子**。

即使對方看起來很不高興，還是請你用燦爛的笑容向他打招呼，表現出開心、快樂的模樣。

人的情緒很容易被轉移。和開朗的朋友在一起時，心情就會變得很好，如果搭到心情不好的司機駕駛的計程車，你也會覺得心情很差。人的感情就像這樣，很容易被轉移、改變。

因此，只要你表現出快樂的樣子，對方內心的不高興也會跟著減少。

不過，你也要小心別被對方的壞心情影響囉（笑）。

這時候，應該怎麼做？

與人相處時，有時會遇到不知該如何對應的情況。根據你的對應方式，會讓別人產生「他／她人真好」「真想和這樣的人變得親近」的感受，但有時卻會令人感到「這人真討厭」「真不想和這樣的人往來」。

接下來，將以多數人不知道該怎麼對應、經常感到困擾的幾個情況為例，為各位說明怎麼做能讓對方覺得「你人真好」「真想和這樣的人變得親近」的對應方式。

①—對方總在你面前說別人的壞話或發牢騷

聽別人說他人壞話或發牢騷，都不是件令人心情愉快的事。特別是前者，會讓人不禁擔心起「說不定自己也被這樣說過壞話」。

遇到這種情況，正確的對應方式就是跟對方說「嗯～這樣啊。」用**曖昧的態度敷衍過去就好**。

尤其是對方說別人壞話的時候，如果你認同了對方的話，情況就會變成：

「你也這樣認為」等於你也在說那個人的壞話。

大部分說別人壞話的人，都會想找站在自己這邊的人，所以只要你稍微表示認同，對方馬上就會把你當成與其立場相同的人。

為了避免這種情況發生在自己身上，盡可能不要接近那樣的人。

此外，若不想讓對方把你當成說壞話的同黨，**除了婉轉地否定對方說的話，還要稍微提醒對方關於那個人好的一面**。例如，

「宮野經理很神經質，常為了一點小事就生氣，每天都碎碎唸，真的好煩。」這時候你可以這麼回答：

「嗯～他的確有點神經質，不過，換個角度想，如果沒被宮野經理唸的話，就表示工作上沒有半點缺失不是嗎。而且宮野經理其實是個很為屬下著想的人喔～。要是屬下出了大錯，就算面對的是那個可怕的白鳥部長，他也會挺身而出說是自己犯的錯來袒護屬下呢！」

這麼一來，對方說不定就會想，

「他有那麼為屬下著想嗎？不過這麼說來……有幾次確實是因為宮野經理的關係我才沒有出大錯。以後我要更加小心謹慎，讓他少對我碎碎唸。」

因而改變了原本的想法。

說別人壞話的時候，只看得見那個人壞的一面，所以你必須提醒對方那個人也有好的一面。

聽到對方說公司壞話的時候也是如此。若任由他一直說公司的壞話，他就會變得越來越討厭那家公司。此時，你只要說：

「你說的倒是，我們公司對基層員工的管理太鬆散了。但，我還是喜歡這家公司。雖然管理態度鬆散，但這其實也是出自於為員工著想的心，我覺得這點確實很棒。能夠進這家公司上班，我覺得自己很幸運。」

這樣能讓對方想起公司好的一面，或將注意力重新放在別的地方。

◎有時也需要認同對方說的話

不過，如果說別人壞話的人是你的另一半或戀人，**即對你而言是很重要的人，適時地表示贊同也是必要的事**。

因為對方的心裡認為「只有你了解我」「希望你站在我這一邊」，所以當你說出否定對方的話，如「是嗎，沒那回事啦」「我想，可能是你不對吧。」會讓對方心想「想不到連你也不了解我」而感到難過、孤單。

假如你聽到太太向你抱怨：「我跟你說喔，每次我告訴我們課長要到銀行辦點事或買東西，只要稍微晚一點回公司，他就會發脾氣。他根本就不信任我嘛。」

請先這麼回答：「這樣啊～你們課長真是過分。」

「你也這麼覺得吧～？」

「我覺得妳才不會藉故翹班呢，妳是個工作很認真的人啊～。」

聽到你這麼說，太太就會感到很滿足。

其實她只是希望先生能了解她的辛苦、內心的鬱悶，希望先生聽聽她吐苦水而已。

若換成別種回答方式——

「我看那是因為妳平常的表現不好吧！」

「妳一定是挑銀行人最多的時間去的吧？」

「我也是課長我可以理解他的想法，對上司來說啊……」要是你這麼說，

只會讓對方產生「你只站在課長那邊」

「原來你也不信任我」的想法。

當對方說別人壞話或發牢騷的時候，**讓對方盡情地說，你只要靜靜地聽就好**。接著，什麼都別說，先表示贊同就好。

②—當別人找你商量煩惱的時候

遇到這種情況，**表現出專心傾聽的態度很重要**。

雖然有時即使對方一開口就說「我有事想找你商量」並不代表他真的就會馬上說到正題。

因為，不管是誰都無法立刻說出真心話。總要等到聊過幾句之

後，認為「把事情告訴這個人應該沒問題」才會說出心裡話。商量煩惱也是如此，越是重要的煩惱越無法直接說出口。若你真的有為對方著想，就好好地聽他說話吧。

另外，**通常會找人商量煩惱的人，其實大部分心裡都已經有了答案**。嘴上說想找人商量，說穿了只是希望自己的想法受到肯定，所以你**只要仔細傾聽對方的話，找出對方希望你說的話，做出回應就可以了**。

我常被人問到「我不知道該不該獨立創業，覺得很煩惱」。對方之所以煩惱是因為「我想試試自己有多少能力，我想我應該辦得到。可是，心裡多少還是會感到不安。而且，現在的公司也很器重我，要是我突然離開公司一定會很困擾，也會很對不起一直那麼照顧我的主管。我到底該怎樣做才好？」

不過，其實對方的心裡早已決定要離職創業。只是希望有個人再推他一把。這時候，對方想要聽到的回應是：

「你一定沒問題的。」

「你出來創業絕對會很順利。」

諸如此類的話。

這麼一來，對方就會產生很大的自信，心想「好！我就來拼一拼」。但有件事要提醒各位，那就是即使知道對方希望你說什麼也別馬上說出口。請先仔細聽完對方的話再說。因為**決定對方人生的人不是你，而是對方自己**。

有時，只是聽對方說說話，

最後對方還會跟你說：

「我覺得心裡舒坦多了，謝謝你。」

假如看到正為了是否要辭職而煩惱或內心對某事感到不滿、困擾的部下，請讓他盡情說完想說的話，也許他就會改變原本的想

法，

「我還是繼續待在公司努力看看吧。現在覺得渾身充滿鬥志。」

有時候對方說有事想「商量」，其實真正的想法是希望自己被了解、被認同。

③——不想參加公司聚餐的時候

雖然聚餐是促進人際關係的必要活動，但有時候就是不想參加。我很能了解這種心情，因為我也經常藉故不參加（笑）。

可是，遇到不想參加的時候，**絕對不要馬上回絕！**

如果立刻回答「我沒辦法去」「我不想去」你就會被認為是個「難搞的人」「冷漠的人」。

那麼，該怎麼做才好呢？

「不好意思，我已經有約了，不過我會試著調整一下行程。」讓對方覺得你還是很重視職場上與同事的互動。

到了隔天，再這樣回覆對方：

「我已經試過調整行程了⋯⋯可是真的沒辦法推掉那個約。很抱歉。」

這麼一來，對方也只會覺得「那就沒辦法啦」而不會去想「你真是個難搞的人」。

不過，這個方法並非每次都能用。而且，你可能也希望對方以後不要再開口約你了。

這時候，**不妨先悄悄告訴對方「其實，我是因為⋯⋯」當作回絕聚餐的理由**。例如：

「其實，這陣子我家裡有點事，所以下了班必須早點回家。」

「其實，最近我太太身體不太好，所以我必須幫忙分擔家事。」

「其實，我為了在工作上能對大家有所幫助，現在正在上補習班準備考證照，所以沒辦法常去喝酒。」

像這樣，表達出「雖然我很想去，但以目前的情況暫時去不了。」

此外，還有一招能讓其他人不會對你產生反感，也不會再找你參加聚餐的好方法。那就是，

在說完「其實，我是因為……」之後，再補上一句，

「請你千萬不要告訴其他人喔。」

「請你千萬不要告訴其他人喔。」

「我不想讓大家為我擔心，請你一定要保密喔。」

通常越是這麼說，話就越容易傳進別人耳裡（笑）。

如果是不好的事，或許對方真的不會說，但若對方覺得是對你有幫助的事，就會想辦法加以宣揚出去。

④——與工作上有往來的人牽扯到男女關係時

有時候女性真的只是把對方當成工作上往來的對象，但有些男性總會單方面誤解成是男女關係。

希望對方多教自己一些、想在工作上有好的表現時，就會很認真聽對方說話。

不時地稱讚對方、偶爾拍拍馬屁以拉近彼此的關係。尤其是關係到升職、評價、或與客戶間的生意往來，當然會希望對方喜歡自己。假如對方又是自己尊敬的人，也許聽對方說話時就會流露出崇拜的眼神。這點無論是男性或女性都是如此。

但，這世上卻有很多男性常把女性的這種行為誤解成是對方對自己有好感，這實在很令人困擾。有些人甚至會以自己的權力去逼迫對方屈服——

這是所有女性都不想遇到的情況，對女性而言這會造成多大的傷害、煩惱、壓力，各位明白嗎？

假如你也是女性，說不定也會遇到那樣差勁的男性。

舉個例來說，假設今天公司客戶的某社長約你去喝酒，然後對你說：

「我已經預約了房間囉……」

「今天我們就一起共度美好的夜晚吧。」

聽到這樣的話——

你可能會馬上想到**「要清楚地回絕對方」，但卻不能這麼做！**

「請你不要這樣。我沒有那種想法。」

「我不是那麼隨便的女人，你想都不要想！」

「你這麼做，我可以告你性騷擾喔。」

說完這些話隨即掉頭離開雖然很瀟灑，但對方會覺到受到否定、拒絕。

到頭來，你再也接不到任何訂單，生意也因此告吹。

在人際關係上，若對對方表現得太過強勢，常會把關係搞僵。假如對方又是處於較強的立場，讓對方生氣、感到被否定，也許對方就會利用本身的權力打壓你，所以不能輕舉妄動。

不過，曖昧地回道「今天我不太方便……」之類的話也不可以。因為這會讓對方認為「今天不行，改天就可以囉」，然後每次見面就提出邀約，對你來說也會造成很大的壓力對吧。

那麼，應該怎麼做才好呢？只要掌握一個訣竅——

不要否定對方，而是邊吹捧對方，邊努力表現出難過的樣子。

就算哭出來也沒關係！

「我，非常尊敬堀社長，聽到您這麼說我真的好難過……。我原以為是自己的工作表現受到您的認同，所以您才會請我吃飯，讓我覺得好像做夢般不敢相信。可是，沒想到您是這樣看待我。我真的好難過……」

「我很希望能和中尾部長一起工作所以非常努力。結果，您卻是這樣看我，我覺得好受傷。是不是我做了什麼讓您誤會的事？真的很抱歉……」

這麼一來，對方也只好說：

「不，妳別這樣想。我看我是喝醉了……讓妳感到不舒服我很抱歉。」

「不是啦，我只是開個玩笑，想不到妳卻當真了。對不起。」

對方因為沒有覺得被否定，所以不會感到不開心，反而會主動道歉或開玩笑帶過。

而且，聽到你說很尊敬他，看到努力投入工作之中的你還哭了，一定會覺得自己做了不該做的事。

假如，對方是以「我只是開個玩笑」回應，那麼你就順勢回道：

「您是開玩笑的啊……不好意思我對您說了失禮的話，真的很抱歉。」

「原來是我想太多了。還讓您看到我哭的樣子，真是對不起。」

讓對方有個台階下。

這麼一來，想必對方不會再對你提出那樣的邀約，而且說不定還會顧及到你是生意上往來的客戶，為了彌補自己的失態而下更大的訂單喔（笑）。

不過，要是你都已經這麼做了，對方還是想用權力逼迫你就範，請鼓起勇氣堅決地告訴對方「這是不可能的事！」不需要給他任何面子！

⑤——來不及赴重要約會時

要是知道來不及赴約，就必須馬上連絡對方。這是很基本的常識。先向對方道歉後再簡單敘述遲到的理由。然後告訴對方自己大概會遲到幾分鐘，這是一般都知道的禮儀。如果會遲到5分鐘，就告訴對方「我大概會晚10到15分鐘」。

假如直接告訴對方「我會晚到5分鐘」，對方就真的只會等你5分鐘。要是你6分鐘後才到，對方會覺得你又遲到了。為避免造成這樣的情況，**稍微將遲到的時間說長一點比較妥當**。

接待客人時也是如此，如果必須讓客人等候約30分鐘，請告訴對方「要請您等40分鐘」。

這麼一來對方就會做好「我必須等40分鐘」的心理準備。等30分鐘後輪到他的時候，對方就會覺得「比我預期的時間早了些」。

假如對方是你的熟客，或許他會跟你說「時間是不是提早了」，這時候你就可以回答「我趕緊把手邊的工作處理完，因為我不想讓中居先生等太久。」聽到你這麼說對方就會覺得受到重視。

◎身陷危機時的應對方法

當你面臨像上述這種小小的危機時，請注意以下這兩件事。

第一，**行為舉止保持從容不迫**。遇到危機時總會讓人忍不住感到著急。越是著急事情就越處理不好。

因此，**當你感到著急的時候，更要保持從容的態度，讓心情穩定下來，才能好好地思考該如何處理問題**。

如果你因此變得手忙腳亂，心情也會受到影響，一心想著「快一點、快一點」，結果只會變得更加著急。到頭來，說不定就忘了把重要的文件放進包包裡，或是忘了該說的話。

第二，**當下能做的事就馬上做**。

當你發現快要遲到的時候先打電話。若忘了帶手機就趕快找公共電話，打到公司請同事幫忙連絡，如果客戶有任何抱怨，也別多說什麼，先道歉再說。**先想想自己現在能做的事是什麼，盡可能立刻展開行動**。

要是只想著「這個也得做」「那個也得做」，情況並不會有任何改變。首先從你能做的事開始著手。

⑥——當別人開口向你借錢時

我個人認為**最好不要與他人有金錢上的借貸往來**。因為不少人就為了錢搞砸對自己很重要的人際關係。

錢這東西，借的人常會不知不覺就忘了，被借的人卻總是牢牢記住。

借錢的人常會說「下次見面就還你」卻遲遲不還，這樣會讓被借的人產生不信任感。如果金額不大，要是跟對方說「快把那時我借你的三千塊還來！」又顯得自己好像太小氣。結果一拖再拖，到最後被借的人就會想：

「搞什麼，這傢伙是不打算還錢了是吧？」

「真是個沒信用的傢伙。」

過去對對方的好感、信任感也隨之蕩然無存。

以前我在當店長的時候，就嚴格禁止店內的工作人員私下互相借錢。因為我不想讓在同一家店工作的同事之間發生這種不好的情況，破壞到他們的人際關係。

不過，有時候出門會不小心忘了帶錢包。這時候我會讓工作人員從店裡借錢，絕不讓他們私下向同事借錢。而且，就算金額再小也一定會寫借條。

雖然寫借條好像是不信任對方的行為，會讓對方心裡感到不太舒服，但我會先告訴工作人員：

「這麼一來我們彼此都不會忘了這件事，錢是很重要的東西，為了避免因為錢破壞你我的關係，我才會這麼做。」

如此尋求對方的理解。

所以，如果有人向你提出「拜託請借我錢」的要求，即使金額不大也請告訴對方「我對金錢的往來很小心，麻煩你寫張借據給我好嗎？」

要是你不想那麼做，那就直接把錢送給對方，而不是「借」對方。

和朋友喝酒聚餐時，朋友突然說：

「糟糕，我忘了帶錢包。不好意思，可以先借我一點錢嗎？」

這時候如果你回答：

「你是我重要的朋友，我們之間別提什麼借不借錢。今天我請你啦。」

相信朋友聽了一定會很開心。

⑦—聽到別人說自己壞話時

聽到別人說自己壞話的時候，總會忍不住想回道「你憑什麼說我。你這傢伙算哪根蔥啊！」可是，這麼說對你並沒有任何好處。或許當下會覺得出了一口怨氣，但那只是成為你與對方爭吵的開端，到最後你反而會後悔「早知道那時候就不那樣說了。」

那麼，應該怎麼做才好呢？

聽到別人說自己的壞話，生氣是很正常的反應，但心裡也會感到難過對吧？那麼就坦率地告訴對方你的感受。

「原來你是這樣看我的。我覺得好難過……」

然後再補上一句：

「不過，我真的很喜歡你這個人。」或

「想不到會被我尊敬的人這麼說，我真的好傷心。」

諸如此類的話。

聽到你這麼說，試想對方會有什麼反應？

「我好像說了不該說的話。」

「我傷害到那個人了。」對方應該會發現自己做錯事了。

就像「好意的互惠性」一樣，無論是誰，只要別人對自己有好感，自己也會對對方產生好感。

當你聽到別人說你的壞話時，請表現出為此感到難過，以及對對方的好感。這是讓雙方不會互相討厭的最理想方法。而且，也是修復彼此關係的方法。

不過，有些人會認為「就算被說壞話也無需在意」。會這麼想的人通常是不希望對方覺得自己的情緒容易受影響，所以即使聽到別人說自己壞話仍表現出一付「我無所謂」忽視對方的態度。也許這樣的人感覺很瀟脫，但其實這是很不好的應對方式。

壞話也就是充滿惡意的話。對方故意散播惡意的話，就是想看你會有什麼樣的反應。假如你沒有任何反應，或表現出忽視的態度，對方會有種「居然不把我當一回事」「完全沒把我看在眼裡」的感受，反而會把你說得更難聽，甚至捏造不實的謠言。

的確，冷處理的反應總有一天會讓對方主動閉上嘴，但為了不讓情況繼續惡化，迅速解決問題，最好還是讓對方知道他的行為讓你很傷心、很難受。

實戰篇．促進人際關係的方法

③

只要讓大家覺得
「好想再見到你」，
人際關係一定能
順利發展！

輕輕鬆鬆
讓你成為大家心中
「好想再見到」的人

【工作篇】
如何和公司的上司、同事保持良好的關係？

不適當語句&不適當動作

①表現出輕蔑的態度。
②將別人請託的事延後處理。
③背地裡說他人壞話。

不僅是上司或同事，**在職場上無論對方是誰，都絕對不能表現出輕蔑的態度**。忽視、輕蔑他人的行為舉止會讓別人看了很討厭，當然也就不會把這樣的人當成「好想再見到」的人。

另外，背地裡說他人壞話也是要不得的行為。有些人為了扯同事後腿就捏造一些不實的謠言，但風水輪流轉，總有一天必定會自

食惡果。隨便說別人的壞話最後一定不會有好結果。

想和公司的上司與同事保持良好的關係，尊敬對方是非常重要的。

特別是上司，只要受到部下尊敬一定會很高興。**因此務必以明確的態度讓對方感受到「你很尊敬他」**。

首先，在言語上清楚地表達你的尊敬，如「我很尊敬您」「您的話讓我獲益良多」。向對方請教事情、商量諮詢效果更佳。再細微的小事也沒關係，請主動跟對方說「請您教教我」「我有點事想找您商量，可不可以？」透過教導部下能讓上司確認自己的存在意義，雖然他嘴上說「我很忙欸」卻還是很高興地為你撥出時間。

此外，上司交付給你的工作必須盡可能快點完成。**當工作順利完成時，別忘了要明確地向對方表達感謝之意，如：**

「我只是照著部長說的去做而已。這一切都是托部長的福。」

也許你會想，只要我認真工作一樣能得到好的評價，但事實卻非如此。多數的上司都會想給尊敬、仰慕自己的部下高一點的評價。這是人類很自然的反應。**評價這種東西其實超乎你想像中地容易受情緒左右**。

就算偶爾被當成在「拍馬屁」，但為了出人頭地，適時地做些取悅上司的事也是必要的。

如何讓公司的後輩、部下對你感到仰慕、尊敬？

不適當語句&不適當動作

①打招呼時完全不看對方的臉。

②「你只要照我說的話去做就對了！」把後輩或部下當成自己的跟班或打雜的人使喚。

③從不向後輩、部下表達感謝。

想讓後輩或部下對你感到仰慕、尊敬，必須懂得感謝對方。

然而，許多人常會認為「既然領了公司的薪水就該好好工作」所以不懂得感謝別人。因此，當部下說「您辛苦了」也沒有給予任何回應，或不看對方的臉只是敷衍地回話。試問部下看了這樣的反應還會產生幹勁嗎？能帶著愉快的心情下班嗎？會想著明天也要努力工作嗎？

切記，部下是幫助你工作的人。假如你是店長，店內的工作本來應該全由你一手包辦才是。但就是因為你一個人做不來，所以才需要有員工來分擔你的工作。

社長也是如此。本來公司的事應該全由社長處理，也許剛開始都是社長獨自完成，可是，隨著公司規模變大，社長已經無法一個人做完所有的事，所以才會僱用員工不是嗎？

支付薪水不是因為對方為自己工作而給，而是為了向對方表達自己心中的「感謝」、「感恩」而給。接受了對方在工作上的幫助

後，支付薪水的同時難道不該向對方表示感謝，說聲「謝謝」嗎？請各位記住，**無論是怎樣的工作，都是因為有底下員工的幫忙才能順利完成**。

這種想法會影響到部下和後輩的鬥志與幹勁。

員工被感謝後會很高興，自然而然就會喜歡認同自己的工作表現並感謝自己的上司或前輩，下定決心好好跟隨這個人打拼。

接待客人時最重要的就是送客人離開的時候。職場上也是如此。所以，**道別之際的問候是很重要的**。

好好看著對方的臉，微笑地說「今天辛苦了！謝謝！」

當部下提出好的企劃案時，別忘了下班的時候誇獎一下對方「今天辛苦你囉！那個企劃案，真的很棒～！謝謝你那麼努力！」

要是看到為了工作上的失誤而悶悶不樂的部下，請帶著笑容告訴他「〇〇〇，別太自責了！我和部長都知道你比誰都努力。辛苦你了！」

這麼一來，我想那個部下也會告訴自己「為了這麼信任我的上司，以後我要更加努力，不再出錯！」

▼如何在新的工作單位立刻融入同事之間？

不適當語句＆不適當動作

①被動地等待對方開口說話。

②對新單位的工作、部署表現出否定、輕蔑或忽視的態度。

③「我在以前的單位（總公司）……」開口閉口總是提起先前職場上的事。

首先，最重要的是**主動積極地去融入對方**。第一章介紹過的「用笑容打招呼」就是最基本的事。主動向別人打招呼，代表著

「我對你敞開了心胸」的訊息。

另外，也要**徹底地認同新同事以及新的工作單位**。

有些人換了工作或調到新單位後，為了「不讓別人小看自己」會急著想要有一番表現，或是否定新職場的做事方式，輕視其他的同事，這是很要不得的行為。

我想，換做是你應該也不會聽從把自己當成傻瓜的人說的話，也不會想去認同對方，對吧。

如果想讓對方認同自己，你必須先去認同對方。試著去了解對方。

為了改善職場的狀況，突然提出改善方法是行不通的。若想提出讓工作更有效率的提案，請別馬上否定現況，

「這種做法太浪費時間了，真不敢相信以前都是這樣做。為了提升工作效率，我認為應該……」

而是要說：

「原來如此，那個方法的確不錯，不過我想要是這麼做應該更能提升效率。你覺得呢？」

先認同對方的做法再提出方案，尋求對方的同意。這樣對方會比較容易接受。

此外，當彼此慢慢熟悉後，遇到不會的事情就請教對方。向對方請教，會讓對方覺得自己被信賴，他也會願意更積極地去幫你。即使你的經歷比其他同事都來得資深，只要你表現出「我很好溝通、懇請各位多多賜教」的態度，對方就會想要幫助你。

當別人覺得「你是個坦率好相處的人」，自然就會比較容易對你敞開心胸。

身為派遣人員的你，如何讓同職場的正職員工接納自己？

不適當語句&不適當動作

①只看工作內容的簡易度與請託的對象來選擇工作。

②只和派遣人員往來。

③說任職公司或其他職員的壞話。

重要的是，無論是很重要的工作或很瑣碎的工作，都要竭盡全力努力完成。

一般派遣員工被分派的工作多是比較單調、乏味的工作，但要是沒有人願意好好完成那些工作，對公司來說也是很困擾的事。因此，在旁人眼中越是單調、無聊的工作，越要認真並保持愉快的心情去做。只要你表現出積極的工作態度，應該就會有人主動推薦你成為公司的正式員工。

看到你用愉快的態度工作，周圍的同事自然就會主動稱讚你、感謝你。當你聽到別人的稱讚時也請坦率地接受！

另外，有件事要提醒各位千萬別去做。那就是和其他派遣人員聚在一起，說任職公司或該公司職員的壞話。誰也無法保證那些話不會傳進公司職員的耳裡，況且說別人壞話畢竟不是件好事。

如何與客戶維持長久的良好關係？

不適當語句＆不適當動作

①認為「客戶下訂單是理所當然的事」，不懂得感謝對方。

②與客戶的應對上缺乏該有的禮節，像是說「再請你多關照

囉」、「就照老樣子囉」。

③背地裡說客戶的壞話。

與客戶因為工作上往來久了，彼此的關係變熟後，有時對於文件的確認就會變得比較草率，與對方說話時用字遣詞也會變得比較隨便。但，「再親近也不能忘了該有的禮儀」，所以別忘了時時提醒自己保持禮節。

另外，當你心裡有了「客戶下訂單是理所當然的事」這種想法，就會忘記要感謝對方。試想，假如對方也覺得你為他做的事是理所當然該做的，你的心裡會好過嗎？因此，請明確地向對方表達感謝之意。

不管受到對方多少幫助，只要次數一頻繁，內心的感謝之情就會慢慢變淡。而且，常要等到失去之後才發現、才想起那是多麼重要的事。

即使這已經是很基本的事，為了避免造成遺憾，**請各位不要忘記經常保有「由衷」感謝他人的心情**。

◎與客戶成為互相信賴的朋友

想與客戶保持長久的良好關係，最好的方法就是和對方成為朋友。

彼此多聊聊個人的事，像是自己的興趣或家族方面的事，**建立起互相信賴、能找對方商量事情的朋友關係**。

一旦成為互相信賴的朋友，對方就不會太計較價格等因素而賣你面子、跟你做生意。因為對方把你當成可以信賴的朋友，所以相信你說的話，只要是你推薦的商品，他都會願意買。

因此，你必須先敞開心胸，主動尋找對方的優點並喜歡對方，常和對方見面，讓對方成為你商量事情的對象。找對方商量事情可以迅速地拉近彼此間的關係。當然，當對方給了你建議後，請務必實行，且別忘記向對方表達感謝。

如何拓展人脈（讓別人為你介紹客戶）？

不適當語句＆不適當動作

①做任何事過度計較個人的得失。

②與人互動抱持著敷衍的心態。

③暗示對方會給他什麼回饋。

想要拓展人脈，

平常就要多跟周遭的人說清楚你想認識怎樣的人。例如，

「我想多了解關於不動產方面的事，如果你有認識的人熟悉這方面的事，請介紹給我。」

知道你的需求後，周遭的人就會想起「這麼說來，我的確有認

識這樣的人。」進而主動為你牽線。

如果是想請人幫忙介紹以拓展新的業務點，不妨告訴對方「公司要我找新客戶，我正為了這件事感到頭痛。」直接表達「我很煩惱」、「請幫幫我」。

如果想到是喜愛的部下的請求，或尊敬的上司、重要的朋友遇到困難的話，一般人都會給予協助。當然，這也要看你平常到底會不會做人……。

不過，**有一點要提醒各位，千萬不要一開始就告訴對方會給什麼回饋**。

「要是你幫我介紹，下次有事我也會幫你。」

「假如你介紹的客戶和我簽了約，我會給你簽約金的5％當回禮，那就請你多多幫忙了。」

聽到這樣的話，讓人心都冷了一大半。然而，這種人還真不少呢～。聽到這樣的話，頓時間就令人喪失為對方介紹的意願。因為，這和做生意又有什麼不同！

本來是想為對方盡點心力，一聽到對方說會好好回饋自己，心中的那股熱情馬上被澆熄，感覺這麼做，似乎只是為了得到回饋，令人意願變得越來越低。

人只要受到別人請託都會覺很高興。特別是關係親近的人。為了對方會想要努力付出，所以有事拜託別人的時候請不要立刻暗示對方會給他什麼回饋。

就算是想向對方道謝，也不必一開始就說出口，等事後再感謝對方也不遲。**人不會只看個人得失來為他人付出**。

同理可證，想請客戶幫忙介紹他的朋友時也是如此。如果對方是你的常客，直接說「請幫我介紹您的朋友」就可以了。親自試過後你會發現對方通常都會很爽快答應。

不過，要是你說「只要您幫我介紹朋友，我就送您○○。」聽起來就像一種變相的宣傳活動，對方自然不會想幫你介紹。若要送禮不必明說，等對方替你介紹之後，再以感謝的心情送禮即可。

感謝對方為自己介紹客人的謝禮，以及傳達心中的謝意是很重要的，這點無需多作說明。對方被你感謝後，心情會變得很愉快。然後，為了讓自己變得更快樂，就會再替你介紹新的客人。

而且，人的心理會因為『做讓對方感到高興的事而變得越來越喜歡對方』。換言之，當對方為你介紹越來越多人，也就表示他越來越喜歡你了。

【戀愛篇】

如何找尋新對象？

不適當語句＆不適當動作

①總是採取相同的行動。

②不好好打扮自己。

③「反正我就是……」想法很消極。

最近越來越多人抱怨「遇不到新對象」可是，嘴上這麼說卻不見他們去做該做的事或展開積極的行動。

這些人，每天早上在固定的時間出門，走同一條路、搭同一班電車的固定車廂去上班，中午總是和相同的人吃午餐，下班後就立刻回家。偶爾會去見見朋友，但見的也幾乎都是那幾個，外出用餐也都只去同一家店……。

這樣的生活方式除非是發生突發事件，否則根本遇不到新對象。

暫時先換個話題，試想，如果你想成為模特兒（或藝人），每天過著一成不變的生活方式，這樣當得了模特兒嗎？除非發生什麼特別的事，否則絕對當不了吧。

那麼該怎麼做才好呢？

基本上有兩種方法。

『自己主動應徵（也包含親友代為報名）』，或是『讓對方發現自己（被星探挖掘）』。要是連這兩件事都做不到，即使感嘆「當不了模特兒！」別人也只會說「那是理所當然的！」

◎找尋新對象的兩大訣竅

其實，尋找新對象也是如此。

『自己主動應徵』意思就是，主動去參加聯誼聚會，去較多異性參加的活動或研習會。積極舉辦聯誼，只要是認為有機會認識新對象的聚會就踴躍參與（我因為工作上的關係，最近經常遇到在商務或自我開發的研習會上認識的情侶）。

此外，要是遇到不錯的對象，請積極地與對方攀談。

如同參加模特兒徵選會，懂得主動向面試官提問，努力宣傳自己才更有機會勝出。

那麼，怎麼做才能『讓對方發現自己』呢？

若想成為模特兒，應該會有以下的想法。

①常去銀座、青山、澀谷等星探或相關業界人員聚集的地方。

②好好磨練自己的內外在，讓對方一眼就能看到自己。

以外在來說，不外乎是穿著打扮、走路姿勢、化妝、笑容……。內在就好比開朗的個性、正面思考、自我肯定……。

找尋新對象也是如此。

①必定要跳脫既有的行動模式。

例如，早上早點出門特地繞路去公司，下班回家的路上去逛逛街，見見許久未見的朋友，試著到平常很少去的街道或店家看看，參加研習會等等……。

只要採取不同以往的行動，你就能遇見過去從未有交集的人，遇到好對象的機會相對地也會增加。

②為了讓對方覺得你是個「很不錯」、「很有魅力」、「很吸引人」、「很想和你說說話」的人，平時就要好好磨練自己的外表與內在。

時時抱持著也許等一下就會遇見新對象的心態，多花點心思打扮自己，保持開朗正面的思考是很重要的事。這麼一來，對方就會更容易注意到你。

◎積極的想法與笑容是吸引他人的魅力

當我們看到打扮時尚的人都會覺得「他／她好有型喔」，而且無論是誰都會想和開朗積極的人在一起。

相反地，如果抱持著**「反正我就是……」的消極想法，只會讓你更遇不到好對象**。「我已經不年輕了」「我的身材不好」「我運氣很差」「我沒有拿手的事」「我收入很低」，像這樣老把自己的缺點掛嘴邊的人，是沒有人會想和他們在一起的。

另外，總是抱怨「公司的上司很糟」「爸媽很煩」的人，也會讓人覺得和他在一起很不快樂。就算外在條件再好，總是說別人壞話或老說些消極的事，這樣的人毫無魅力可言。而且，在生活中也只會看到不好的地方和缺點。

「雖然我鼻子不夠挺，但這樣看起來更好親近。」

「我還蠻自豪有一頭柔順的頭髮喔。」

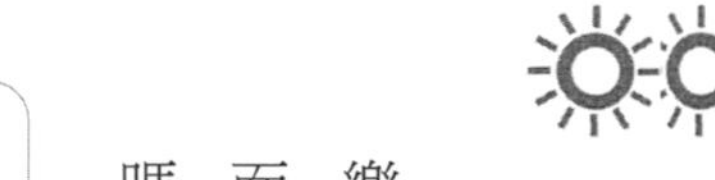

「大家常誇我是個努力的人唷。」

像這樣，試著**找出自己的優點，好好地愛自己！**

最後，**還有一件重要的事，記得經常面帶笑容**。

笑容是打動人心的武器。經常笑會讓你變得更有魅力。迪士尼樂園的遊行和表演之所以讓人感到有魅力，就是因為表演者個個都面帶笑容。看到那些人你也覺得他們「好美喔」「好帥唷！」不是嗎？笑容能聚集人潮，讓你遇見更多的人！

▼如何讓心儀的對象對自己產生好感？

不適當語句＆不適當動作

①為了在對方面前表現自己，不斷地說自己的事。

②對對方說的話不感興趣。

③態度故作冷淡。

無論是誰，都不會特意主動接近對自己不感興趣的人。反之，若對方對自己表現出關心、好感的話，自己也會對對方產生好感。

事實上，當你發現某人對自己有好感，你也會開始在意起對方，不知不覺中喜歡上對方，這種情況並不少見。

因此，**想讓心儀的對象對自己產生好感的話，就要讓對方知道你對他有好感**。

例如「嗯～，和三浦先生聊過天後，對你的印象變得更好了。」

「好像只要和由布先生在一起就會變得很開心。」

「每次和你聊天都好愉快，常常覺得時間過得真快。」

「只要和美佐小姐在一起，就覺得很自在。」

「（邊凝視對方邊說）……西野小姐，妳真的好漂亮！」

確實向對方表現出「我對你／妳有興趣」的態度，專心傾聽對方說話，靠近對方，近距離地與對方聊天，並在聊天過程中不時地叫對方名字，讓對方感覺到你和他／她在一起真的很開心，看著對方時臉上隨時保持笑容——。

透過言語及態度「清楚地」告訴對方你對他／她有好意。

有些人會因為害羞、不好意思而故作冷淡、表現出不感興趣的樣子，這樣只會造成反效果。

隨著年齡逐漸增長，你我會變得害怕受傷或不被對方接受。我想各位應該也曾有過這樣的想法，當你知道「對方對自己沒意思」的時候就不會想再積極接近對方。特別是當年紀到了某種程度之後，參加聯誼時更會有這種感觸。與其去找「對自己沒意思」的人，不如鎖定還有一些機會的人。要是真的遇見那樣的對象，當然會希望「下次還能再和對方見面」。所以，遇到喜歡的人絕對不能故作冷淡！

◎女性立刻就用得上的有效方法

若是女性，稍微的身體碰觸也很有效。

我想只要是男性應該都有過這樣的經驗，聚餐時只是被某位女性輕微碰觸到身體就會想「她該不會對我有意思吧……」（笑）。

有些店員結帳時將零錢交到顧客手中也會輕微碰觸到客人的手，或許你認為那是不小心碰到的，其實那是故意做出的舉動。因為碰觸到手會讓人產生好印象。

但男性這麼做可能會涉及性騷擾的問題，所以我不太建議男性這麼做。不過，女性可以多試試這種方法，除了碰觸身體，握手的效果也很不錯。

像是，交換名片的時候或道別之際。通常女性比較不會主動握手。若這時候主動向對方握手，對方會因為吃驚而留下深刻的印象，雙手的碰觸也會讓對方對你產生好感。

另外，還有個關於握手的小技巧，**道別時與對方握手後，不要馬上放開對方的手**。這麼做就能傳達出「我喜歡你」「我不想和你分開」的訊息。

◎達人級的邀約方法──『想像法』

如果想和對方約會，那就開口吧。要是喜歡上某人，那就主動向對方表白吧。這些都是很理所當然的事。被動地等待對方開口邀約，等對方先說「我喜歡你」「請和我交往」，坦白說這是很狡猾的想法。

可是，隨著年齡漸長，如果真心喜歡上某個人，就會很害怕被對方拒絕，我很能了解這種心情。

「我想和他約會……。但又怕被拒絕，我該怎麼辦……」

這時候，有個不錯的方法能派上用場。

那就是『**想像法**』。

「我問你一個問題喔，假設啊，如果要去約會的話你想去哪裡？」

「要是我們一起出去玩，你覺得哪裡比較好？」

拋出一個情境，讓對方去想像。

「雅惠，妳真是個有趣的人～。」

「真的嗎～，謝謝你的誇獎。」

「我覺得和妳一起出去玩，一定會很開心。**我問妳喔，假設啊，我們一起出去玩，妳會想去哪裡？」**

「嗯～，看電影吧。」

「不錯耶，妳想看什麼電影？」

「喜劇片應該不錯。」

「喜劇片很好啊～！聽起來真的很棒！對了，最近有什麼新片嗎？」

「〇〇〇好像不錯。」

「那部啊，是最近廣告強打的那部片嗎？」

「對啊對啊。」

「應該會很有趣。我都可以想像雅惠妳在電影院裡大笑的模樣了（笑）。」

「嗯，我的確會那樣（笑）。」

「那，下禮拜我們一起去看吧？」

「好啊。我正想看那部片呢。」

很簡單吧？只要試過你就會發現開口邀約並沒有想像中的那麼難。也許有人還是會懷疑「真的會那麼順利嗎？」但想像力真的就是那麼厲害。它能讓對方隨意地想像，並讓對方產生想要去或一起去也無妨的想法。

再舉個例來說，原本你對機車毫無興趣，但看到朋友騎車的樣子後竟也開始想要有部機車。那是因為，你想像了自己騎機車的模樣。

人會因為想像而產生欲望、動力。

◎向已有男／女朋友的對象提出約會邀請的技巧

這個『想像法』更厲害的地方就在於，即使被對方拒絕了還是能發揮效果。

請見下例：

「下次我們一起出去玩好嗎？」

「呃～，我有男朋友了恐怕不方便。」就算對方這麼說，

「啊，妳說的對。不過，如果不是和男朋友一起出去玩的話，妳會想去哪裡？」

「嗯～，水族館吧？因為我男朋友對魚沒有興趣。」

「是喔。對了，妳知道品川的水族館嗎？」

「啊，我知道。你是說裡面有玻璃走道，很漂亮的那個水族館對吧？之前在電視上看到介紹後我就很想去一次看看～。」

「那裡真的很漂亮喔。下次我帶妳一起去吧。」

到最後，還是順利地邀約成功了。

重點在於，被對方拒絕後，「啊，妳說的對」先接受對方的回應再試著問對方，「不過，如果不是和男朋友一起出去玩的話，妳會想去哪裡？」

讓對方開始發揮想像。

▼如願完成第一次約會後，如何開口約對方第二次的約會？

不適當語句&不適當動作

①沒有馬上傳送道謝的簡訊。
②約會時淨聊自己的事。
③第一次約會就找對方上床。

第一次約會成功後，當然會想再有第二次約會囉！

因此，**約會時必須專心傾聽對方說的話，對對方喜歡的事物表現出感興趣的態度**。如果只顧著說自己的事，會讓對方覺得「他／她是不是對我沒興趣？」「和他／她在一起一點都不開心」。

在第1章的「用高明的稱讚法讓對方開心」裡曾提到「道別之際最重要」。

因此，當約會到了尾聲的時候，請坦率地告訴對方「我今天很開心」「希望下次還有機會見面」。然後**露出最燦爛的笑容，目送對方直到對方的身影消失在眼前，這麼一來對方就會對你留下好印象！**

此外，**分開後請盡早傳簡訊給對方**。

因為對方或許會認為「如果他／她喜歡我，應該會馬上傳簡訊給我」。回應對方的心情是很重要的事。

簡訊的內容可以寫些感謝對方的話、「今天過得很開心」之類的感想或稱讚對方的優點，並且約好下一次的見面。

其實，傳簡訊也有個能動搖對方內心的妙招。那就是，約會時先問對方問題，等分開之後就能應用在簡訊上。

◎動搖對方內心的『魔法妙問』

問題只有兩個——

「你喜歡哪個藝人？（同性）」

「為什麼喜歡他／她？（喜歡的理由）」

「對了，舞香妳喜歡哪個藝人啊？」

「嗯～說出來你可能會嚇一跳。我喜歡中山裕介。」

「哦，我也喜歡他。他很有趣。那，妳為什麼喜歡他？」

「該怎麼說呢～他說話很有趣，表情動作也是～。我覺得他挺可愛的……。我應該是喜歡上他的可愛有趣吧（笑）。」

「什麼，可愛有趣！（笑）。不過，他的確有那樣的特質～。那，如果是同性的藝人，妳喜歡誰呢？」

「欸～同性啊？」

「嗯。例如，看到這個人妳會覺得很崇拜她，只要有她在的節目就會忍不住想看的人？」

「大概是YOU吧。她很幽默，我蠻喜歡她的～。」

「YOU啊～。嗯，她確實很幽默～。不過，妳究竟是喜歡她哪一點？」

「應該還是幽默感吧，而且她都看不出年齡，打扮又很時尚（笑）。」

「沒錯，真的看不出來她的真實年齡～。她到底幾歲啦……」

為什麼要問對方喜歡的藝人是誰呢？其實，不管對方喜歡誰都無所謂，重要的是喜歡的理由。

從對方喜歡的同性藝人的理由中可以得知，對方心裡希望別人也是那樣看待自己，或是對方想變成那樣的人。

知道理由後，等分開後傳簡訊的時候，不經意地把那個理由寫進簡訊裡誇獎對方，對方一定會感到很高興。

上例中，舞香喜歡YOU的理由是「很幽默，看不出年齡且打扮時尚」對吧？這就代表她希望別人眼中的她就是那樣。

『談吐幽默、看起來比實際年齡年輕、穿著打扮很時尚』

因此傳簡訊的時候，記得把這些話打進去。

「今天謝謝妳出來和我見面。妳說話真的好有趣～。我已經被妳的口才深深吸引了！啊～今天真的好開心！好想再多和妳聊聊喔！對了，和妳聊天時我一直在想，舞香到底幾歲了？妳看起來好年輕喔～！我想不管是誰聽到妳的實際年齡一定都會嚇一跳吧？而且我發現，妳總是打扮得很時尚。讓人看了好心動（笑）。」

要是對方收到這樣的簡訊，肯定會非常高興！因為，這正是她心中希望對方對自己的感覺。**當對方看到你寫的那些話，就會覺得「這個人很了解我」「他／她有注意到真正的我」因而感到喜悅**。

另外，一般被問到「喜歡哪個藝人？」，通常都會先回答異性。這時候記得也要問對方為什麼喜歡那個人。因為**『那個人就是他／她心中理想的異性類型』**。以上例來說，舞香喜歡的是有點可愛有趣的中山裕介，那麼你就要記住讓自己表現出「可愛有趣」的一面。

有時候，對方喜歡的藝人和他的外表是完全不同的類型。這就表示對方心裡「想變成和那個人一樣」，所以你可以試著將對方的憧憬寫進簡訊裡稱讚對方，如「雖然你外表看起來是〇〇，其實真正的你是〇〇對吧？」

吵架後順利和好的方法

不適當語句&不適當動作

①堅持自己是對的。
②在對方道歉之前絕不原諒對方。
③不主動道歉，默默觀察對方的心情。

吵架的理由大部分是因為價值觀的不同。對方無法接受你的價值觀，你又想讓對方接受，於是就發生了爭吵。除了搞到彼此僵持不下，**你可以選擇完全接受對方的主張**。

說到底，你和對方本來就是屬於生長環境與經歷都截然不同的兩個人。

價值觀不同也是理所當然的事，意見相左也是理所當然的事！

因此無法斷定誰對誰錯！

不管吵得多兇，只要說以下這句話就能完全解決。

「對不起，你說的才是一〇〇%正確。」

或許你會想，哪有那麼容易就改變自己的想法。

可是，改變並不是那麼難的事，**如果你喜歡對方、重視對方，一定就能接受對方的價值觀和意見**不是嗎？

而且要是對方聽到你說「你才是一〇〇%正確」，或許也會反省自己是否也有不對的地方……。

說不定還會反過來跟你說：

「該說對不起的人是我！我仔細想想後發現，你才是正確的！」

如果和對方鬧到長時間冷戰，或每次見面就吵架不是很無聊嗎。只要你願意接受對方的想法，對方自然也會接納你的意見。

如何讓對方產生想和你廝守一生（＝想和你結婚）的想法？

不適當語句＆不適當動作

①不讓對方察覺你有想結婚（想永遠在一起）的念頭。

②被動地等待對方開口求婚。

③試圖以某種手段或理由讓對方上鉤。

多數女性或許都認為「求婚應該是由男性主動」，但**被動地等**

待是不行的。如果有了想和對方廝守一生或結婚的想法，就要明確地告訴對方。

然而，有些女性會覺得「女生主動說要結婚感覺臉皮很厚，我說不出口」或「這麼一來我的地位就矮了一截，我才不要」，但事實並非如此。男性也會因為不了解女性的想法怕被拒絕，而遲遲不敢開口求婚。其實，不少男性都蠻膽小、害羞的。

為避免自己受傷，被動地等待對方展開行動，這樣不是太狡猾了嗎？如果你覺得直接面對面向對方提出結婚的要求會讓你感到緊張，那麼不妨試試用輕鬆的口吻向對方表達你的感受。例如：

「真希望可以永遠像現在這樣一起吃飯。」或

「只要你在我身邊我就覺得好幸福，這種感覺真是不可思議。」

這一點都不難，對吧。

另外，如果不清楚對方內心真正的想法，可以試試看先前介紹

過的『想像法』。

像是，兩人一起去逛家具店、家居用品店或大賣場的時候，試著問對方：

「如果，以後我們一起生活的話，你想住在怎樣的房子裡？」

或是看到別人一家幸福的模樣時，問問看對方：

「我問你喔，要是你結婚的話會想住在哪裡？」

這麼一來不但能了解對方對於結婚這件事抱著怎樣具體的想法，也可以透過想像結婚的情況，讓對方對婚姻產生更積極的意願。

但，想讓對方有「我想與你相守一生！」的念頭，有個大絕招——那就是：

發自內心為對方設想，『想像快樂』的事！

關於這點，下章將有詳細的說明！

【加料版　日常生活篇】

如何和每年只見幾次面的公婆（岳父母）增進感情？

不適當語句＆不適當動作

①討厭對方，不會主動說想見面。

②只看對方不好的一面。

③為了討對方歡心，刻意偽裝自己。

首先，你必須先了解一件事，公婆（岳父母）和你的年齡、生活環境都不同，想法或價值觀上自然會產生差異。

話雖如此，既然對方是與你一起生活的另一半的父母，請試著去發現對方的優點，主動向對方表示好感。

人對於向自己表示好感的人也會產生好感，反之，如果你表現出討厭對方的樣子，對方也會變得討厭你喔。

有些人為了在別人面前展現好的一面而勉強自己、偽裝自己。時間久了一定會覺得很累，變得討厭與對方互動。

重點不在於該怎麼做才能被對方喜歡、討對方歡心，而是主動地去喜歡對方（另一半的父母）。

而且，盡量**以自然的態度去和對方互動**。這樣對方也會覺得很高興。我在我岳父母面前就經常表現出很真實的自己（笑），所以我們的感情非常融洽。雖然一般男性都不喜歡去太太的娘家，但我倒是愛得很。

此外，因為不知道如何與對方互動而避著對方，只會讓彼此的關係越來越差。

也許有時對方對於你做家事、帶小孩或工作上的事有所意見讓你覺得很煩，不過對方也只是出於一片好意，請勿用不耐煩的態度去排斥對方說的話。

不管怎麼說，論人生經歷，對方畢竟是你的前輩，又是你重要的家人，**請試著主動向對方報告你的近況，多多找對方商量事情**。這麼一來對方也會很開心，當你有困難的時候也會很欣然地幫助你。

成功與否，重點在於你的想法

想讓對方產生「好想再見到你」的想法，關鍵在於自己

只要懂得為對方設想，人際關係就會很順利

重點在於是否為對方設想

讀到這裡，相信各位應該已經了解到一件事——

想擁有良好的**人際關係，重要的不是教戰手冊或技巧，而是為對方設想的那份心。**

如果心裡重視對方，當下自然就能說出必要的「話」、做出必要的「行動」。

當對方有困難時會想給予幫助，看到對方情緒低落會想讓他恢復精神，發現對方的優點就想稱讚對方，就算被對方說壞話也不會想要反駁。

因此，我這麼說或許有點矛盾，但各位其實並不需要別人教你「應該要這樣誇獎對方」「應該要這樣表現出高興的樣子」。

例如，**只要抱著想讓對方高興的心去稱讚對方，對方一定會感受到你的心意而感到開心。**

不過，許多人在稱讚別人的時候常會忍不住去想：

「我剛剛說的話夠讚嗎？」

「他覺得我剛才的稱讚夠好嗎？」

「剛剛，我說的話不知道其他人有沒有聽到？」

像這樣，很在意自己說出口的讚美聽在對方或他人耳裡是怎樣的感覺……。

或是在心裡暗自期待對方也會有所「回饋」。

「被我誇獎後心情變好，工作起來應該會更快吧。」

「聽到我的稱讚，他一定會跟我買這個產品。」

「被我讚美後覺得開心，他應該也會想辦法讓我高興吧。」

所以，**就算說出口，對方也未必能感受得到**。當然我並不是說

這種想法是錯誤的。畢竟你我都是凡人，難免會有這種想法。

不過，如果只想著要讓對方開心去稱讚對方，不管你說了什麼、用的是哪種方式，對方都能感受得到。

當你稱讚自己心愛的孩子時，根本不會去意自己說的話夠不夠好，夠不夠棒不是嗎。

因為你心裡只想著孩子而已。所以，那份心意能傳達出去。就算說的話不夠漂亮又怎樣，沒有人說讚美別人一定要用優美的字句。

說的話夠不夠高明、夠不夠好並不是重點。
而是，你有沒有發自內心去為對方設想。

與其思考該如何與別人相處，只要有為對方設想的心，你的心意對方一定能感受得到。

喜歡別人，你就能成為被喜歡的人

被別人喜歡，一般都會認為是處於「被動」的情況，其實，這是非常主動的。**因為要被別人喜歡，你必須先找出對方的優點，由你開始喜歡對方**。

我們總是想要被別人喜歡、討人喜愛。

事實上，是我們先喜歡上對方！

先前，有位常來聽我演講的I先生這麼問我：

「森下先生，請問為什麼我只和您短暫地說過一次話，第二次見面的時候，您就已經記住我的名字了呢？明明參加研習會的人那麼多……」

於是，我回道：

「那是因為，我喜歡I先生啊！」

這是我的真心話！

因為，對於喜歡的人不必刻意強記，自然就能記住不是嗎。

就像是喜歡的藝人，只要知道對方的興趣馬上就能記住。不需要出聲複誦或寫在紙上，也不會因為忘記而一問再問。如果對方是喜歡的人，自然就會記得住。

當然，我也沒厲害到能記住所有來聽過我演講的人的名字，但我常會很自然就記住那些人的名字。

◎了解對方優點的方法

不過，有些人可能會想，哪有那麼容易就喜歡別人。的確，以前我也常會想：

「在這個人眼中，我是個怎麼樣的人？」

「對方會不會討厭我？」

「對方有沒有瞧不起我？」

心裡總是在意這些事。

所以，很難主動去喜歡別人。

可是後來我卻有了轉變，那是因為我做了**喜歡別人的練習**。

那麼，為了讓自己主動去喜歡別人，該做怎樣的練習呢——

練習去找出對方的優點。就這麼簡單。

只要找出對方的優點，自然就會喜歡對方。練習的方法也相當簡單。

在電車、公車等人多的地方，逐一找出對方的優點，讓自己產生「這個人，原來有這樣的優點啊」的想法。

例如，先試著從對方的外表上找出讓你覺得不錯的地方。

「哇～他真會打扮。而且他打的那條領帶和他的西裝很配呢。」

「她的手指好修長好漂亮。」
「她這髮型真好看！」
「他笑起來很迷人！」
「她的眉形真棒。仔細一看，是個美女呢。」
只要仔細觀察一定能發現對方的優點。
除了外表，也可以想像一下對方的內在。像是，
「啊～，看他一臉兇樣，手機卻掛著那麼可愛的吊飾。可能是女朋友送的吧。想不到他會用和自己那麼不搭的東西，看來他也是個體貼的人嘛！」
「雖然他老是板著一張臉，回到家後卻是個愛孩子的好爸爸。這麼說來，我的親戚裡好像也有這樣的人耶。」
「他看起來好像很難親近，其實是個很替下屬著想的人。如果發生問題，他應該會馬上站出來幫我。」

「她真是個大美女。雖然給人感覺很冷淡，私底下似乎也有天真可愛的一面。這麼說來，我們公司的松本小姐好像也是這種人。」

像這樣，隨意地想像。不必管那是否符合真實的對方，反正只是想像而已，盡情地去找出對方的優點。

別把這件事想得太難，試著去做做看吧。帶著愉快的心情去想像對方。

預先做好找出對方優點的訓練後，往後當你遇到初次見面的人馬上就能看到對方好的地方。

有時我們看到某人會不自覺地產生「這個人好像公務員、好像業務、看起來頭腦很聰明」之類的感覺對吧。

想像訓練也是如此，它會讓你對某人感到「或許他／她有這樣的優點」、「說不定他／她有這樣的長處」喔。

◎改掉只注意對方缺點的習慣

當你遇到初次見面的人，你會注意對方的哪個地方？

「他看起來比我年輕」、「她的身材比我好」、「他的工作能力好像比我強」，像這樣忍不住拿自己和對方做比較。

比來比去比到最後，結果卻是「嗯，還是我贏！」（笑）。

這聽起來雖然令人莞爾，但多數的人看到初次見面的人確實會在心裡和自己做起比較。然後，為了讓自己處於優勢，不自覺地只去注意對方不好的地方。

這麼一來，你當然很難喜歡對方。

仔細聽聽看那些老在抱怨公司、上司或發牢騷、說別人壞話的人所說的話。不外乎都是在指責公司或上司的缺點。但即便如此，公司或上司應該還是有不少的優點。

可是，對方眼裡卻只看得見不好的地方。甚至已經養成只看別人缺點的習慣。

因此，這樣的人更需要進行找出對方優點的訓練。正在閱讀本書的各位也是，請試著開始做這個訓練。

▼只要改變想法，就不會去在意對方的缺點

假設，在你的部門裡有個和大家處得不太好，平常也只針對工作上的事和人說話的同事。

遇到這種難相處的人，確實會讓人心生排斥。可是某天你從同事口中聽到，

「他以前被自己信任的上司陷害，結果被公司降職，好不容易才重新爬起來。但自從那件事之後，他就變得不太和周遭的人來往了。」

聽到這樣的事後你應該會想，「原來他經歷過那麼大的打擊」

原本心中對他的排斥感就消失了，而且，說不定還會想更親切地對待他。

為什麼，我會突然舉出這個例子呢——

因為我想告訴各位，**即使對方是你討厭的人，一旦了解對方的背景（過去到現在的經歷），你心中的厭惡感就會消失。**

再舉個例，在早上尖峰時段搭通勤電車時總會有那種為了擠進車廂硬把別人推開的人，或是為了確保自己的空間用手肘或隨身行李推擠別人的人，這樣的人真的很討厭對吧。看到那種人，我們往往會想「這傢伙，真討人厭」「這個人真讓人火大」心中不自覺地冒出一股火。

可是，如果你知道那個人的家庭與工作都不順利，身邊沒有任何人重視他的存在，你似乎就能了解他為什麼會有那樣的舉動，反而覺得他看起來很可憐。

話雖如此，我們怎麼可能知道偶然同車的人的背景呢。

那麼，**試著想像看看對方的背景**吧。

「他是不是一大早就發生了不開心的事？可能是和老婆吵架了吧，早上出門就被老婆唸了一頓。雖然買了房子，每天卻得大老遠從新興住宅區搭車上班，努力工作，老婆卻一點都不感謝自己……。好不容易買了房子，家裡卻沒有自己的容身之處。想到這兒就一肚子火，所以進了電車才會不顧及別人的感受，只想讓自己舒服地喘口氣……」

假如這樣去想，或許你就會覺得：

「他真是個可憐的人。」

「他會那麼做也是情有可原啦。」

抑或是，難得到高級餐廳吃飯，男友的用餐禮儀卻很差，

「氣死我了！連這點用餐禮儀都不懂！好丟臉喔。」

在你生氣之前，請先試著想像看看。

「他不懂這些是因為小時候爸媽都忙著工作，他一直都是一個人吃飯，所以才會這樣。」

「他為了我鼓起勇氣到從沒進過的高級餐廳吃飯，心裡一定很緊張吧。」

這樣去想的話，你就不會感到生氣，反而覺得男友的表現很可愛，很想好好教他用餐禮儀對吧。

就算做了充分的訓練，讓你變得可以找出對方的優點，但如果對方做了讓你討厭的事，你還是會忍不住感到生氣、厭惡。這時候——

「等一下。為什麼他會有這種令人討厭的舉動呢？」

請各位先試著想像一下對方的背景。

每個人外表下的背景，背負著許多的人生。關於這點，希望各位稍微去思考看看。

這與先前提到的找出別人優點的訓練相同，不必在意是否符合事實。重點在於，你要試著改變一下你的看法。

好好愛自己、慰勞自己

前文中我不斷向各位提及『找出別人的優點』、『喜歡別人』是很重要的事，但**找出自己的優點，喜歡自己、重視自己並慰勞自己也是必要的事**。

因為，**無法重視自己的人，就無法重視別人**。

也許你認為你的身體是屬於你自己的，但，**如果把身體想成是你活在這世上的這段時間向上天借來的，你還會不好好珍惜它嗎？**

若不重視身體，將會出現許多問題。

像是，動不動就感冒、發高燒就很難退燒、常感到頭痛或疲勞、容易受傷、皮膚狀況變差、雙眼充血……。

我對穿著打扮很講究，有時會買下令人咋舌的高價位商品，但我非常珍惜地使用這些東西，所以都用得很久。

例如回到家脫下皮鞋後，我會先用毛刷清除污垢，再放尺寸相同的木製鞋撐固定鞋型、預防濕氣。而且，下次要穿之前，我會再用毛刷清除未除淨的污垢，然後鞋油保養鞋皮，並在楦頭（皮鞋前端）仔細地上蠟，讓皮鞋變得閃閃發亮。雨天或快要下雨的時候我絕對不穿皮鞋，穿了一天後必定等兩天過後才穿。發現鞋底磨損時，我會盡早更換。

像這樣抱著珍惜的心去使用物品，即使是已經穿了十年的皮鞋，至今仍像新的一樣閃閃發亮。而且，花愈多時間去做保養，對該物品會感到愈加喜愛。

◎如何讓自己更閃閃發光

對自己也是如此。以充分的愛、好好重視你自己，即使年齡增長還是能活得神采奕奕、散發光芒。看看你周圍，不就有人上了年紀看起來還是閃閃發光。

但，要是你每次照鏡子就開始嫌棄自己，討厭自己的臉、體型、眼睛、鼻子甚至是整個自己，結果會變得怎樣呢？

整天只埋首於工作中，生活作息變得不規律，缺乏充足的睡眠，老是吃有害身體的東西。

這樣你的身體不是很可憐嗎？你認為這種情況下你還能顯得神采奕奕、散發光芒嗎？

這是不可能的事！如果你不懂得好好愛自己的身體、珍惜自己的身體，它就只會變得越來越衰弱而已！

想讓自己看起來更閃耀，就要好好重視你的身體。

例如，對著鏡中的自己說「加油喔！」「謝謝你！」適時稱讚自己，對身體表示感謝。

好好休息也是必要的事，偶爾做做皮膚保養，誇獎自己「變漂亮囉」，或是去做ＳＰＡ、泡溫泉等**讓身體感到愉悅的事**。

如同前文中我說過的保養皮鞋那樣，花越多時間在自己身上，你會變得更愛自己、更喜歡自己喔。

你的身體，還會跟著你好長一段時間。

因此，請你要更加地愛護它、珍惜它！

唯有重視自己的人，才會擁有為他人設想的心，並將幸福分享給他人。

▼經常「想像快樂」的人，能讓周遭的人變得幸福

有句話說「病由氣生」，若心情總是處於不安的狀態，很容易為了一點小事感到在意，變得越來越不安。

反之，若平時常覺得「好幸福！」、「人生好快樂♪」就不會為了小事煩惱，變得越來越幸福。也會發現眼前有許多幸福的事。

因此，想讓自己變幸福，就要多去想像快樂的事。

想像快樂，是件很棒的事！

我把讓自己看起來很快樂的行為稱為「想像快樂」，只要經常那麼做，就能變得幸福！

「每次和森下先生在一起，就覺得很快樂！」

「只要和你在一起就感到很幸福，真是不可思議。」

「就算心情低落，看到你就變得有精神了！」

這些都是別人經常對我說的話，我想那是因為我常在想像快樂。

其實以前的我個性很陰沉，因為想像自己很開朗，所以才變得開朗起來！

只要表現出快樂的模樣，就能變得快樂，相同地——

只要想像快樂，人生必定會變得幸福！

那些看起來總是過得很幸福的人，也許都聽過：

「真羨慕你沒有煩惱～。」

因為，我們常會覺得「這世上辛苦的只有自己」。

但，事實並非如此！無論是誰都會有痛苦的事。沒有人會沒有煩惱。

只是有些人選擇不表現出來，裝出一付沒煩惱很開朗的樣子，其實心裡非常痛苦難受。

請各位試想看看，比起那些老把「我好痛苦」「大家都不知道我那麼辛苦」，掛嘴邊，愛抱怨、發牢騷的人，你是不是比較想和看起來很快樂、總是帶給周遭幸福感的人在一起呢？

想變得幸福，就要常保持笑容，讓人生過得看起來很快樂。如果身邊有這樣的人，會讓人感到很快樂，覺得很幸福，就連孩子們也會想變成那樣的大人。

不管是家庭環境、戀愛關係或職場上的人際關係，只要多去想像快樂，一切就會變得很順利！

找出許多的小幸福，讓更多人變得幸福

什麼時候會讓你感到幸福？

工作順利的時候？

買下高級車的時候？

薪水調升的時候？

到高級餐廳享用奢華大餐的時候？

獨立創業並成功的時候？

當然，這些事都會讓人感到幸福。但，令人感到幸福的事並不全都是很特別的。

不少人常在生病後才發現健康的重要，**幸福其實是很理所當然的事。不過，就因為如此我們才會忽略那就是幸福。**

例如，當你有了喜歡的人，每天只要看到那個人就會覺得很幸福。但漸漸地你發現只是看到對方並無法感到滿足，開始想和對方說說話。聊過天之後，你又會想和對方交往。

等到真的交往了，那時的你已經站在幸福的最頂端。

可是，開始交往後只要對方稍微晚一點回簡訊，你就會忍不住抱怨，約會時不小心遲到你就會鬧脾氣……。

明明以前只要看到對方就會感到幸福，交往後認為對方陪伴自己是理想當然的事，對對方的要求便不斷地擴大，一旦期望未獲得滿足就覺得自己不幸福。

還記得，以前我和工作上的夥伴一起到某家餐廳吃飯。當大家吃到心中期待的主菜後發現並不好吃，情緒都變得有些低落。但，有位女性卻說「好好吃喔！」露出燦爛的笑容，一付津津有味的模樣。結果大家都受到她的影響，紛紛回道「嗯，還可以啦」，突然間餐點竟變得美味起來。

各位了解了嗎？

這位女性因為能和同事們一起吃飯感到開心、幸福，所以才會覺得「好吃」。而她的心情感染了周圍的人，讓在座的所有人都變得幸福，使餐點變得美味。

「我要讓老婆變得幸福。」

「結婚後，我要讓他感到幸福。」

「我要讓公司變得幸福。」

也許有人會這麼想，但**幸福並不是靠給予別人而來的**。

幸福，必須靠你自己去感受！

不覺得自己幸福的人，永遠都無法變得幸福。

重要的是，你能不能感受得到眼前那些「理所當然的幸福」。

假如，你現在感受不到任何幸福，無論你獲得什麼都不會變得幸福。

「只要想像快樂，必定會變得幸福！」

想像快樂會讓你確實感受到存在於眼前的小幸福，而不是「自己缺乏的東西」或「至今仍未獲得的東西」。這麼一來，你會更容易發現周圍的幸福，感覺幸福接連來到你身邊。

那麼，請各位從今天起盡情地想像快樂吧！

● 結語 ●

感謝各位將本書閱讀到最後。

我所說的，真的都是我認為很重要的事。

希望各位每天都試著實行看看，不久後應該就會發現每天明顯地變幸福了。

我常在想，**人與人的相遇是種奇蹟**。

這個地球上的人口這麼多，你我能在廣大人海中相遇，這難道不算是奇蹟嗎。

對於能夠遇見各位，我內心深表感謝。

尤其是遇到石井裕之先生後，讓我有了很大的轉變。在此我要向他致上深切的謝意。石井老師的著作本本精彩，我無論如何都想推薦給各位。（註：《你為什麼相信算命師——掌握人心的冷讀社》石井裕之著，中文版由世茂出版發行。）

每次寫書的時候，我就會想起許多幫助過我的朋友、恩師以及很照顧我的人，和同為動力啟發師的夥伴們。能夠遇見大家，我心中滿是感謝！

遇見最愛的妻子，生下一雙心愛的兒女，對我來說是最大的奇蹟。

以前的我，從沒想過自己會擁有幸福美滿的家庭。正因為很難預料會發生什麼事，人生才會如此充滿樂趣。我很感謝我的人生。

當然，我也非常感謝能夠遇見各位。

相信在將來的某一天，當我遇見各位時一定會有「好想再見到你」的感覺。我期待著那天的到來！

再次由衷地感謝各位。

森下裕道

國家圖書館出版品預行編目資料

（日本）超級店長（首次公開）讓客戶「好想再見到你」的心機說話術 / 森下裕道作；連雪雅譯. -- 初版. -- 新北市：世茂, 2011.09
面； 公分. --（銷售顧問金典 ； 66）
譯自：また会いたい！と思わせる、人との接し方
ISBN 978-986-6097-25-6（平裝）

1. 人際關係 2. 傳播心理學

177.3 100014066

銷售顧問金典 66

【日本】超級店長【首次公開】讓客戶「好想再見到你」的心機說話術

また会いたい！と思わせる、人との接し方

作　　者／森下裕道
譯　　者／連雪雅
主　　編／簡玉芬
責任編輯／陳文君
封面設計／鄧宜琨
出 版 者／世茂出版有限公司
負 責 人／簡泰雄
登 記 證／局版臺省業字第 564 號
地　　址／（231）新北市新店區民生路 19 號 5 樓
電　　話／（02）2218-3277
傳　　真／（02）2218-3239（訂書專線）、（02）2218-7539
劃撥帳號／ 19911841
戶　　名／世茂出版有限公司　單次郵購總金額未滿 500 元（含），請加 50 元掛號費
酷 書 網／ www.coolbooks.com.tw
排版製版／辰皓國際出版製作有限公司
印　　刷／世和印製企業有限公司
初版一刷／ 2011 年 9 月

ＩＳＢＮ／ 978-986-6097-25-6
定　　價／ 240 元

MATA AITAI! TO OMOWASERU, HITO TONO SESSHIKATA
by Hiromichi Morishita

Original Japanese edition published by Tatsumi Publishing Co., Ltd.

This Traditional Chinese language edition is published by arrangement with Tatsumi Publishing Co., Ltd., Tokyo in care of Tuttle-Mori Agency, Inc., Tokyo through Bardon-Chinese Media Agency, Taipei

黏貼處

電話：(02) 22183277
傳真：(02) 22187539

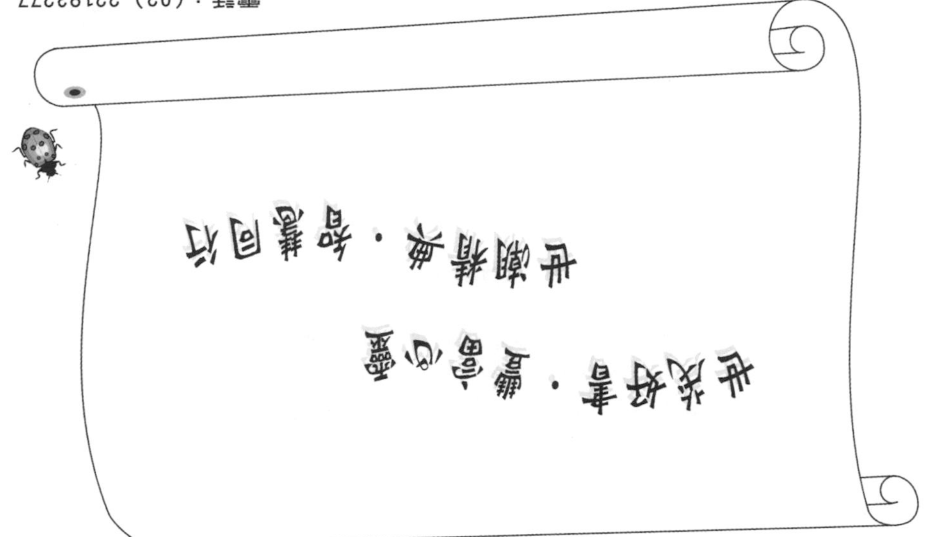

231新北市新店區民生路19號5樓

世茂
世潮 出版有限公司 收
智富

黏貼處

讀者回函卡

感謝您購買本書，為了提供您更好的服務，歡迎填妥以下資料並寄回，
我們將定期寄給您最新書訊、優惠通知及活動消息。當然您也可以E-mail：
Service@coolbooks.com.tw，提供我們寶貴的建議。

您的資料（請以正楷填寫清楚）

購買書名：______________________________

姓名：______________ 生日：______年____月____日

性別：□男 □女　E-mail：______________________

住址：□□□______縣市________鄉鎮市區________路街
______段______巷______弄______號______樓

聯絡電話：______________________

職業：□傳播 □資訊 □商 □工 □軍公教 □學生 □其他：______

學歷：□碩士以上 □大學 □專科 □高中 □國中以下

購買地點：□書店 □網路書店 □便利商店 □量販店 □其他：______

購買此書原因：___ ___ ___ ___ ___ ___（請按優先順序填寫）
1封面設計　2價格　3內容　4親友介紹　5廣告宣傳　6其他：______

本書評價：____ 封面設計 1非常滿意 2滿意 3普通 4應改進
____ 內　容 1非常滿意 2滿意 3普通 4應改進
____ 編　輯 1非常滿意 2滿意 3普通 4應改進
____ 校　對 1非常滿意 2滿意 3普通 4應改進
____ 定　價 1非常滿意 2滿意 3普通 4應改進

給我們的建議：

世茂出版有限公司
世潮出版有限公司
智富出版有限公司